오펜하이머가 들려주는 원자 폭탄 이야기

오펜하이머가 들려주는 원자 폭탄 이야기

ⓒ 송은영, 2010

초   판   1쇄 발행일 | 2005년 6월 30일
개정판   1쇄 발행일 | 2010년 9월 1일
개정판 15쇄 발행일 | 2021년 5월 31일

지은이 | 송은영
펴낸이 | 정은영
펴낸곳 | (주)자음과모음

출판등록 | 2001년 11월 28일 제2001-000259호
주   소 | 04047 서울시 마포구 양화로6길 49
전   화 | 편집부 (02)324-2347, 경영지원부 (02)325-6047
팩   스 | 편집부 (02)324-2348, 경영지원부 (02)2648-1311
e-mail | jamoteen@jamobook.com

ISBN 978-89-544-2027-3 (44400)

$E = mc^2$

오펜하이머가
들려주는

원자 폭탄
이야기

| 송은영 지음 |

㈜ 자음과모음

오펜하이머를 꿈꾸는 청소년을 위한
'원자 폭탄' 이야기

원자 폭탄 개발 계획은 미국이 처음부터 단독으로 생각해서 밀고 나간 사업이 아니었습니다. 수십만 명이 살고 있는 도시 전체를 한 방에 날려 버릴 수 있는 폭탄 제조가 가능하다는 말을 아무도 선뜻 믿으려 하지 않았습니다. 그래서 폭탄 제조 계획은 무관심과 냉대 속에서 출발할 수밖에 없었던 것이지요.

갖은 우여곡절 끝에, 미국은 원자 폭탄을 만들기 위해 그로브스 장군과 물리학자 오펜하이머를 책임자로 선정하였습니다. 그러고는 뉴멕시코 주의 황량한 사막에 로스앨러모스 연구소를 설립하여 거대한 프로젝트에 뛰어들었습니다.

원자 폭탄의 주 물질인 우라늄과 플루토늄의 생산 공장을 테네시 주와 워싱턴 주 핸퍼드에 지었고, 이것을 이용해서 꼬맹이(Little Boy, 리틀 보이)와 뚱보(Fat Man, 팻맨)라는 2개의 원자 폭탄을 제조했습니다. 그리고 이것을 제2차 세계 대전 당시 히로시마와 나가사키에 투하했습니다. 그 결과 일본은 더는 저항하지 못하고 천황의 이름으로 손을 들었지요.

원자 폭탄의 역사는 20세기 과학의 큰 축을 이룹니다. 이 글을 통해 여러분들이 원자 폭탄에 관한 흥미진진한 사실들을 잘 알게 되길 바랍니다.

늘 빚진 마음이 들도록 한결같이 저를 지켜봐 주시는 여러분들과 이 책이 나오는 소중한 기쁨을 함께 나누고 싶습니다. 책을 예쁘게 만들어 준 (주)자음과모음 직원들에게도 감사의 말을 전합니다.

송 은 영

차례

1

과학자들의 망명

핵물리학을 공부한 과학자들은 누구누구일까요?
언제부터 원자 폭탄을 연구했을까요?

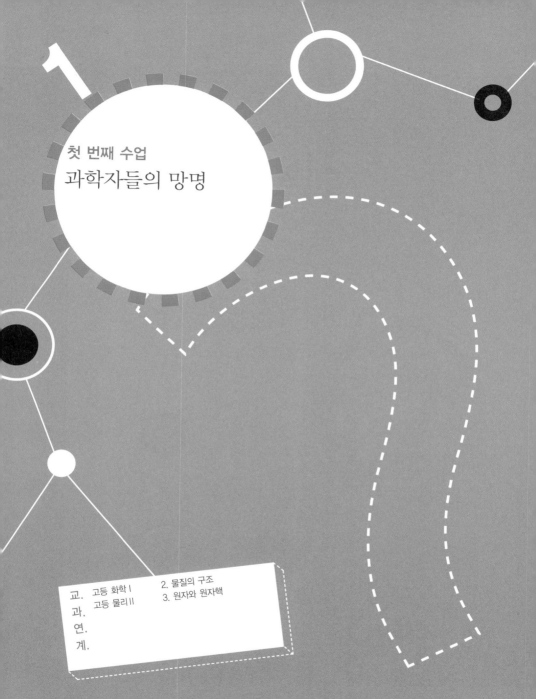

1

첫 번째 수업
과학자들의 망명

오펜하이머는
과학자들의 잇단 망명을 떠올리며
첫 번째 수업을 시작했다.

아인슈타인이 미국으로

제1차 세계 대전 후, 독일에서는 유대인 차별주의가 빠르게 퍼져 나갔습니다. 유대인은 길거리에서 뭇매를 맞았고, 유대인 가게는 문을 닫아야 했으며, 유대인 과학자는 학교와 연구소에서 쫓겨났습니다.

따라서 유대인인 아인슈타인(Albert Einstein, 1879~1955)은 독일을 떠나기로 결심했습니다.

"나는 베를린에서 누리던 모든 권리와 직위를 포기하고 독

일을 떠날 것입니다."

1933년 10월 17일, 아인슈타인은 뉴욕에 도착했습니다. 이후 그의 뒤를 따라서 명망이 높은 유대인 과학자들이 미국으로 이주했습니다. 그 결과 자연 과학의 중심지가 유럽에서 미국으로 빠르게 바뀌었습니다. 과학계의 변방에 불과했던 미국이 하루아침에 전 세계 과학계를 아우르는 중심지가 된 것입니다.

1930년대의 물리학자들이 추구한 최전선은 핵물리학이었습니다. 핵물리학이란 원자 속에 들어 있는 핵을 연구하는 물리학의 한 분야이지요. 원자 폭탄도 핵물리학을 연구하면서 가능하게 된 것이고요. 따라서 당시 아인슈타인과 함께 미국으로 건너간 유대계 물리학자 대부분은 그 분야와 연결되어 있었습니다.

마이트너의 도피

20세기 초반까지 세계 물리학을 선도해 나간 곳은 독일의 베를린이었습니다. 독일이 세계 물리학을 이끌어 나간 중심에는 카이저 빌헬름 연구소(막스 플랑크 연구소의 전신)가 있었습니다. 흔히 카이저수염(양쪽 끝이 위로 굽어 올라간 콧수염)으로 유명한 빌헬름 2세가 설립한 연구소이지요.

카이저 빌헬름 연구소는 독일 원자 폭탄 개발의 산파 역할을 한 곳입니다. 이곳은 원자핵 분열을 발견한 독일의 화학자 오토 한(Otto Hahn, 1879~1968)과 오스트리아의 여성 물리학자 마이트너(Lise Meitner, 1878~1968)가 반평생을 바친

곳이기도 하지요.

마이트너는 8년의 교육 과정을 2년 만에 마칠 만큼 우수한 두뇌의 소유자였습니다. 아인슈타인이 '독일의 퀴리 부인'이라고 칭송할 만한 재원이었으니까요. 그녀는 빈 대학에서 박사 학위를 받고, 선진 물리학 지식을 배우기 위해 이웃 나라인 독일의 베를린 대학으로 건너왔습니다.

마이트너는 물리학 세미나에서 오토 한을 만났습니다. 한은 영국에서 원자핵과 방사능 관련 첨단 지식을 습득한 뒤에 1906년 독일로 돌아왔습니다. 그리고 이듬해 가을 학기 세미나에서 마이트너를 알게 되었지요.

마이트너와 한은 곧 친구가 되었고, 뜻이 맞는 연구에 대해서는 공동 실험을 하기로 약속했습니다. 이렇게 해서 물리학자 마이트너와 방사능 화학자 한이라고 하는 환상적 결합이 이루어진 것입니다. 마이트너와 한은 카이저 빌헬름 연구소에서 핵물리학과 방사능 화학이라는 첨단 분야를 이끌어 가는 실험에 정진했습니다. 그리고 젊은 독일인 과학자 슈트라스만(Fritz Strassmann, 1902~1980)을 불러들여 그들의 공동 연구에 참여시켰습니다.

그러던 중 예기치 않은 사태가 발생했습니다. 1938년 독일이 오스트리아를 합병했습니다. 그에 따라 마이트너는 독일

국민이 된 것입니다. 자신의 의사와는 상관없이 독일인이 된
마이트너는 독일의 법을 따라야 했지요. 그런데 문제는 마이
트너가 오스트리아 인이지만, 혈통은 유대인이라는 사실이
었습니다. 마이트너는 살아남기 위해 어쩔 수 없이 독일을
떠나야 했지요.

1938년 7월 16일, 마이트너는 독일을 떠날 채비를 했습니
다. 한은 마이트너의 짐 정리를 도와주면서 어머니로부터 물
려받은 다이아몬드 반지를 마이트너에게 건네주었습니다.
한은 긴급한 사태가 발생할 때 요긴하게 썼으면 좋겠다고 말
했습니다. 이튿날 아침 마이트너는 기차를 탔습니다. 마이트
너는 그날을 이렇게 기억했습니다.

"국경에서 나치 경비병이 객실을 조사하기 위해 들어왔습니
다. 그들은 내 여권을 들고 어디론가 갔습니다. 나치가 유대인

을 잡아들이기 시작했다는 것을 익히 알고 있던 터여서, 두려움은 이루 말할 수가 없었습니다. 심장이 멎는 것 같았습니다. 기다리는 시간은 10여 분 남짓이었으나, 내가 느끼는 시간은 수 시간 이상이었습니다. 그 순간은 내 생애 가장 두려운 시간이었습니다. 하지만 잠시 후 나치 병사 한 명이 다시 들어와서 아무 말 없이 여권을 돌려주었습니다.”

마이트너는 네덜란드를 거쳐 덴마크에 도착했습니다. 그는 코펜하겐에 있는 보어(Niels Bohr, 1885~1962)의 집에서 당분간 기거했습니다. 그리고는 보어가 마련해 준 스웨덴의 연구소로 갔습니다. 보어는 아인슈타인과 함께 20세기 물리학을 개척한 선구자이지요.

페르미의 망명

독일이 오스트리아를 합병한 이후, 전 유럽으로 어두운 그림자가 빠르게 퍼져 나갔습니다. 이탈리아도 그 우울한 그림자에 갇히게 되었지요. 그 당시 이탈리아에는 페르미(Enrico Fermi, 1901~1954)가 있었습니다.

1938년 9월 초, 이탈리아의 무솔리니가 히틀러의 뜻에 동조해서 반유대인 법을 통과시켰습니다. 유대인은 더 이상 이탈리아 인이 아닌 것입니다.

페르미는 이탈리아의 정통 가톨릭교도였고 그의 아내는 이탈리아의 해군 장교의 딸이었습니다. 그러나 그녀의 몸에는 유대인의 피가 흐르고 있었습니다. 따라서 반유대인 법으로 그녀는 이제 이탈리아 인이 아니게 된 것입니다.

이처럼 비이성적인 인종 차별이 이탈리아에서도 가차없이 행해졌습니다. 유대인 아이들은 공립 학교에서 쫓겨났고, 유대인 교사는 해고되었으며, 유대인 과학자들은 뿔뿔이 흩어졌습니다.

페르미는 조국을 떠날 생각으로 미국의 몇몇 대학에 편지를 보냈습니다. 세계적인 물리학자를 찾고 있던 미국의 대학으로서는 페르미와 같은 유능한 학자를 마다할 이유가 없었습니다. 갈릴레이 이후 이탈리아가 배출한 최고의 물리학자가 보낸 서신에 대한 답장은 즉각 날아왔습니다.

페르미는 미국 동부의 컬럼비아 대학교 교수직을 암묵적으로 수락하고, 보어가 주최하는 모임에 참석하기 위해 덴마크 코펜하겐으로 떠났습니다.

페르미는 코펜하겐 모임에서 보어로부터 예상치 않은 기쁜 소식을 접하게 되었습니다.

"당신의 이름이 올해 노벨 물리학상 후보에 오른 것 같습니다."

페르미로서는 정녕 꿈만 같은 이야기가 아닐 수 없었습니다. 세상에서 가장 영예로운 상을 지금 이 시점에 받게 된다면, 미국 망명이 한결 수월해질 것이었습니다. 뿐만 아니라, 돈이 급한 페르미 가족에게 노벨상 수상 상금은 사막 한가운데 떨어진 사람이 마주하는 오아시스나 마찬가지였기 때문입니다.

그런데 걸림돌 하나가 있었습니다. 당시 독일의 나치 정권과 이탈리아의 파시스트 정부는 유대인 노벨상 수상자가 상을 받지 못하도록 하곤 했습니다. 아내가 유대인인 페르미도 장담할 수 없는 입장이었습니다.

보어가 페르미에게 물었습니다.

"노벨상이 주어지면 수상할 수 있겠습니까?"

"물론입니다."

페르미는 주저 없이 대답했습니다. 이탈리아를 떠나겠다고 마음먹은 마당에 이런 둘도 없이 좋은 기회를 마다할 수는 없었던 겁니다. 무슨 수를 써서라도, 어떻게든 스웨덴의 시상식장까지는 가야 했습니다.

1938년 11월 10일의 이른 아침, 페르미의 아내는 전화벨 소리에 잠이 깼습니다.

"스웨덴 스톡홀름으로부터 국제 전화가 곧 연결될 거래요."

그녀는 교환원의 말을 곧바로 남편에게 전했습니다. 페르미는 이것이 노벨 물리학상 수상자로 자신이 선정되었다는 것을 알리는 전화라는 걸 직감했습니다.

"오, 감사합니다."

페르미와 그의 아내, 그리고 두 자녀는 노벨 물리학상을 받

으러 스톡홀름으로 향했습니다. 앞의 두 해는 모두 두 사람이 공동 수상했지만, 1938년의 노벨 물리학상은 페르미의 단독 수상이었습니다. 1936년은 헤스와 앤더슨, 1937년은 데이비슨과 톰슨이 노벨 물리학상을 받았던 겁니다.

노벨의 사망일인 12월 10일. 노벨상 수상자들, 과학계의 저명 인사들, 스웨덴의 학술 회원들, 그리고 정부 요인과 외교관들이 장엄하게 지켜보는 가운데 스웨덴의 국왕이 페르미에게 노벨 물리학상을 수여했습니다. 그중에는 《대지》의 작가 펄벅도 있었습니다. 펄벅은 그해의 노벨 문학상 수상자였습니다.

이탈리아의 파시스트 정부는 페르미에게, 꼿꼿하게 선 자세로 한 팔을 내뻗는 파시스트식 경례를 할 것을 당부했습니

과학자의 비밀노트

1936, 1937 노벨 물리학상 수상자
1936년 헤스(Victor Hess, 1883~1964)는 우주선의 발견으로, 앤더슨(Carl Anderson, 1905~1991)은 양전자의 발견으로 노벨 물리학상을 공동 수상하였다. 1937년 데이비슨(Clinton Davisson, 1881~1958)은 전자도 회절 현상을 일으킨다는 사실을 발견, 톰슨(George Thomson, 1892~1975)은 전자가 회절한다는 것을 증명해 노벨 물리학상을 공동 수상하였다.

다. 그러나 명예로운 지식의 전당에서 그런 무례한 짓을 할 수는 없었습니다. 더구나 페르미는 상을 받고 나서 고국으로 돌아갈 생각도 없었기 때문입니다. 결국 페르미는 스웨덴의 국왕과 정중히 악수했습니다.

시상식이 끝난 후, 페르미 가족은 곧장 미국 뉴욕으로 향했습니다. 이탈리아의 파시스트 정부는 페르미가 미국 대학에서 6개월 동안만 체류하는 걸로 알고 있었습니다.

1939년 1월 2일, 페르미 가족이 마침내 뉴욕에 도착했습니다. 페르미는 장엄하게 말했습니다.

"우리 네 사람은 페르미 가문의 미국 분가를 오늘, 여기에 설립하노라!"

펄벅   페르미

선생님, 아인슈타인이 미국으로 망명하게 된 계기는 무엇인가요?

그건 제1차 세계 대전 후, 독일에서 유대인 차별주의가 빠르게 퍼져나갔기 때문이에요.

유대인들은 독일인들로부터 엄청난 박해를 받았고 유대인 과학자들은 학교와 연구소에서 쫓겨났지요.

그럼 유대인인 아인슈타인도 박해를 받았겠네요?

그래서 아인슈타인은 1933년 10월 17일에 미국으로 망명을 했지요.

그렇군요.

"모든 권리를 포기하고 떠나겠습니다."

아인슈타인의 망명 이후에 명망 있는 유대인 과학자들이 미국으로 많이 이주하게 되지요.

미국으로선 뛰어난 과학자들이 많이 모여들어서 굉장히 좋았겠는데요.

그래요. 그 결과 자연 과학의 중심지가 유럽에서 미국으로 빠르게 바뀌게 되었지요.

아인슈타인과 함께 미국으로 건너간 유대계 물리학자들이 연구한 분야는 어떤 건가요?

미국 ← 유럽 자연 과학

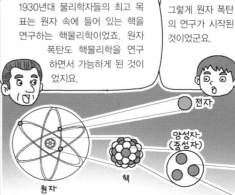

1930년대 물리학자들의 최고 목표는 원자 속에 들어 있는 핵을 연구하는 핵물리학이었죠. 원자 폭탄도 핵물리학을 연구하면서 가능하게 된 것이었지요.

그렇게 원자 폭탄의 연구가 시작된 것이었군요.

전자

양성자 (중성자)

원자

핵

2

우라늄 원자핵 분열

우라늄의 비밀은 무엇일까요?
그 비밀을 파헤쳐 봅시다.

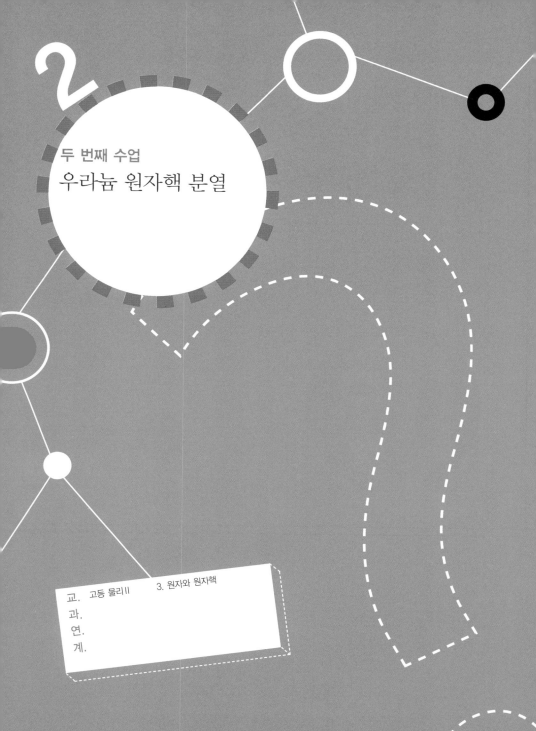

2

두 번째 수업

우라늄 원자핵 분열

오펜하이머는
1938년 한 연구 결과를 떠올리며
두 번째 수업을 시작했다.

한과 슈트라스만의 발견

1938년 9월, 프랑스의 이렌 퀴리(Irène Joliot-Curie, 1897~
1956)가 우라늄 붕괴에 관한 연구를 발표했습니다. 이렌 퀴리
는 퀴리 부인의 장녀이지요.

"우라늄을 중성자로 때리자 원자 번호 57번 원소가 나온 것
같아요."

한은 깜짝 놀라지 않을 수 없었습니다.

'어떻게 원자 번호가 92번인 우라늄이 35단계나 낮은 원자

이렌 퀴리

로 쪼개질 수가 있단 말이지?'

한은 이렌 퀴리의 실험이 잘못됐을 것이라고 생각했습니다. 그러나 이렌 퀴리는 자신의 주장에 확신을 가지고 있었습니다.

한은 슈트라스만에게 이렌 퀴리의 실험을 신중히 검토해 보라고 했고, 슈트라스만은 가능성이 있다는 쪽으로 의견을 내놓았습니다.

한은 슈트라스만의 생각마저 동의하지 않았습니다. 그러나 곰곰이 생각해 보니, 무작정 고집만 피울 일은 아니었습니다. 직접 한번 실험을 해 보는 게 큰일은 아니었으니까요.

한과 슈트라스만은 밑져야 본전이라는 마음으로 확인 작업에 들어갔습니다. 그들은 전심전력으로 실험에 몰두했어요. 슈트라스만이 밤 11시 30분에 돌아오면, 한은 그와 교대하고 집으로 돌아가는 식으로 실험이 진행되었습니다. 60세를 바라보는 초로의 핵화학자 오토 한이 그동안 익혀 온 모든 화학 기술을 총동원하여 우라늄의 비밀을 파헤치는 데 심혈을 기울이고 있었던 것입니다.

1938년 12월 17일, 한과 슈트라스만의 노력이 마침내 결실을 맺었습니다. 우라늄 붕괴 물질에 대한 결과가 나온 것입니다.

"붕괴 물질의 질량은 우라늄의 절반쯤 되며, 원소의 성질은 원자 번호 56번인 바륨과 같아 보인다."

한과 슈트라스만은 자신들이 얻은 결과에 내심 당혹해하면서도 몹시 기뻐했습니다. 학자로서 자연의 새로운 비밀을 캐내는 것만큼 뜻 깊은 일은 없으니까요.

1938년 12월 19일, 한은 이 소식을 스웨덴의 마이트너에게 우편으로 알렸습니다.

"우리는 이번 실험에서 뜻밖의 결과를 얻어 내었습니다. 우라늄이 붕괴해서 생긴 물질 가운데 바륨이 있는 것 같습니다. 당신이 훌륭한 설명을 덧붙여 합당한 이론을 제시해 준다면, 이번 실험은 우리 세 사람 공동의 몫이 될 것입니다. 바륨 발견은 슈트라스만과 나, 그리고 당신만 알고 있는 사실입니다."

우라늄 붕괴에 대한 한의 확신

이틀 후 마이트너는 스톡홀름에서 한의 편지를 받았습니다.
'놀라워! 한과 슈트라스만의 실험대로라면, 우라늄이 엇비슷한 질량의 두 물질로 쪼개어졌다는 말인데…….'

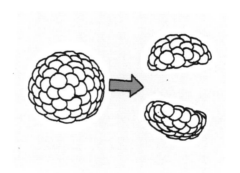

마이트너는 바로 답장을 썼습니다.

"당신의 이번 발견은 놀라움 그 자체입니다. 선뜻 받아들이기 어려운 결과이지만, 핵물리학에서는 믿기지 않는 일들이 자주 일어났지요. 그걸 잊지 마세요. 그리고 계속 노력해 주세요."

한은 마이트너가 실험 결과에 대한 물리학적 해석을 내려주길 바랐습니다. 그렇게 되면 실험과 이론의 결합이라는 시너지 효과로 논문의 완성도도 높아질 것입니다. 게다가 마이트너의 이름도 논문에 넣을 수 있기 때문에, 그와 그녀 모두에게 최상의 선물이 될 수 있었습니다. 그러나 마이트너가 보내온 답장에는 한이 원했던 답은 보이지 않았습니다.

크리스마스 휴가가 코앞에 다가오고, 시간은 촉박했습니다. 학회지 편집자는 12월 23일까지는 논문을 제출해야 다음 호에 실어 줄 수 있다고 했습니다. 한과 슈트라스만은 논문을 숨 가쁘게 써 나가기 시작했습니다.

이 논문이 다소 성급해 보일 수도 있습니다. 그러나 대단한 반향을 불러일으킬 것은 틀림없어 보입니다. 우리는 방사능 물질의 특성을 명확히 밝히길 원합니다. 생성 물질은 화학적으로 바륨의 성질을 그대로 이어받았습니다. 우리는 이 물질이 바륨이라고 확신합니다.

한은 대충 이러한 내용으로 논문을 채웠습니다. 그리고 논문을 봉투에 넣었습니다. 그는 마이트너의 이름을 함께 적지 못한 것에 대한 아쉬움과 미안함을 쉬 털어 내지 못한 채, 논문이 담긴 봉투를 우편함에 집어넣었습니다.

반면, 마이트너는 한의 발견을 프리슈(Otto Frisch, 1904~1979)
와 심도 있게 논의했습니다. 프리슈는 마이트너의 조카로,
그도 이모와 마찬가지로 물리학자였습니다.

두 사람은 한의 발견이 옳다는 결론을 내렸습니다.

"이렇게 된다면, 우라늄을 붕괴시켜서 굉장한 에너지를 끄
집어낼 수가 있다는 건데?"

마이트너와 프리슈는 전율했습니다.

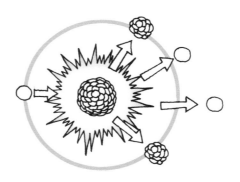

프리슈는 이 사실을 보어에게 즉각 알렸습니다. 보어는 이
새로운 발견에 적잖이 놀라워했습니다. 그러나 보어는 프리
슈와 깊은 대화를 오래 나눌 수가 없었습니다. 미국에서 열
릴 학회에 가야 했기 때문이었습니다.

보어는 미국행 배에 몸을 실었습니다. 대서양을 건너 미국까지 가는 데에는 10여 일이 걸릴 예정이었습니다. 보어는 그 지루한 시간을 동행자인 로젠펠트(Léon Rosenfeld, 1904~1974)와 함께 한의 발견을 토론하면서 보냈습니다. 그런데 보어는 배 안에서 오고 간 이야기에 대해 얼마간 침묵을 지켜야 한다는 사실을 로젠펠트에게 주지시키는 걸 깜박했습니다.

1월 16일 보어가 미국에 도착했습니다. 보어를 마중하는 자리에는 페르미 부부와 미국의 이론 물리학자 휠러(John Wheeler, 1911~2008)도 보였습니다.

과학자의 비밀노트

휠러(John Wheeler, 1911~2008)
젊은 시절 현대 물리학의 두 거목 아인슈타인, 보어와 함께 연구하여 그들이 개척한 상대성 이론과 양자 역학에 크게 기여하였다. 또한 보어와 함께 핵분열 이론을 만들었고, 제2차 세계 대전 중에는 미국의 원자 폭탄 개발에 참여하기도 하였다.
1967년에는 '깜깜한 별' 또는 '동결된 별'로 불리던 천체에 대하여 '블랙홀'이라는 말을 처음으로 사용하였는데, 이후 대중적 물리학 용어로 정착되었다. 이렇듯 다양한 비유를 들어 물리학을 명쾌하게 설명함으로써 '시인을 위한 물리학자'라는 별칭을 얻기도 하였다.

배멀미에 몹시 시달렸는지, 보어의 안색은 매우 지쳐 보였습니다. 더구나 눈동자에는 근심의 빛이 뚜렷했습니다. 유럽의 앞날을 걱정하는 근심의 빛 말이지요.

보어는 페르미를 따라서 뉴욕을 둘러보았고, 로젠펠트는 휠러의 안내를 받으며 프린스턴으로 향했습니다.

보어는 뉴욕을 둘러보는 내내, 한의 우라늄 핵분열 발견과 마이트너와 프리슈가 그 현상을 바르게 해석해 내었다는 걸 페르미에게 일절 언급하지 않았습니다. 그러나 로젠펠트는 달랐습니다. 로젠펠트는 흥분 어린 음성으로 배에서 보어와 토론한 이야기를 휠러에게 전부 말해 버렸습니다.

휠러는 예상치 못한 뜻밖의 소식을 접하게 된 것이었지요. 그날은 프린스턴 대학의 물리학자들이 모이는 날이기도 했

습니다. 휠러는 그 모임에서 로젠펠트에게 들은 일련의 사실
을 꺼내 놓았습니다.

  참석자들은 너나 할 것 없이 흥분의 도가니에 휩싸였고,
그 소식은 박테리아가 번식하는 것 이상으로 빠르게 퍼져 나
갔습니다.

3

미국과 독일의 상황

우라늄 폭탄의 위력은 어느 정도일까요?
원자 폭탄을 만드는 데는 어떠한 것이 필요할까요?

3

미국과 독일의 상황

오펜하이머가
당시 물리학자들의 회의 내용을
인용하며 세 번째 수업을 시작했다.

미국으로 건너온 유대계 물리학자들이 모여서 회의를 하고
있었습니다.

"독일이 무시무시한 원자 폭탄을 먼저 개발하게 해선 안 됩
니다."

"좋은 방법이 없을까요?"

"독일의 핵 실험을 늦추도록 해야 합니다."

"어떻게 하면 될까요?"

"독일이 우라늄을 여유 있게 확보하지 못하도록 하면 될 겁니다."

"우라늄 대량 생산국으로는 아프리카의 콩고가 있습니다. 그곳의 우라늄 채광권을 벨기에가 갖고 있지요. 따라서 벨기에 정부를 설득해서 독일에 우라늄을 팔지 못하도록 요청해야 합니다."

"그러나 우리 힘으로는 어렵지 않을까요?"

"그렇다면 아인슈타인 박사의 도움을 청하는 게 어떨까 합니다."

"좋은 생각입니다. 아인슈타인 박사는 세계적으로 명성을 얻고 있는 물리학자인데다가 벨기에 여왕과도 친분이 두텁습니다. 그러니 아인슈타인 박사와 접촉하면 해결의 실마리를 찾을 수 있을 겁니다."

그들은 아인슈타인을 만나러 떠났습니다.

"우라늄 원자핵의 연쇄 반응이 가능하다는 사실이 밝혀졌습니다."

아인슈타인의 거처에서 그들이 아인슈타인에게 말했습니다.

"뭐라고요!"

아인슈타인은 당혹스러움을 감추지 못했습니다.

"모르고 계셨습니까?"

"생각해 보지 않은 일입니다."

그들은 독일이 우라늄을 손에 넣었을 때의 위험성을 열거하기 시작했습니다. 설명을 차분히 다 듣고 난 아인슈타인의 얼굴이 자못 심각해졌습니다. 그토록 우려했던 군국주의에 대한 망령이 되살아나는 듯싶었습니다.

"절대로 그렇게 되어선 안 되겠죠."

아인슈타인은 기꺼이 그들의 뜻에 동참했습니다. 그러나 아인슈타인은 벨기에 여왕과 접촉하는 것을 원치 않았습니다. 그래서 그들은 미국 정부를 통한 우회적인 접근 방법을 택하기로 했습니다.

"내가 어떻게 도울 수 있겠습니까?"

"편지를 써 주시면 저희가 미국 정부에 전달하겠습니다."

아인슈타인은 편지 내용을 불러 주었고, 그들은 그것을 받아 적었습니다.

프랭클린 루스벨트 미합중국 대통령 귀하

각하,

페르미의 최근 연구 논문을 살펴보니, 머지않은 미래에 우라늄 핵에
너지가 새롭고도 중요한 에너지원이 될 것을 의심치 않게 되었습니
다. 우라늄 연구와 관련해 최근에 일어난 몇몇 사건은 경각심을 불
러일으키기에 부족함이 없습니다. 그래서 신속한 행정 조치를 취해
야 한다고 생각합니다. 각하께서는 아래의 사실과 저의 권고 사항에
각별히 주목해 주시길 바랍니다.

최근 넉 달 동안에 이루어진 이렌 퀴리 부부와 페르미 연구진의 연
구 결과에 따르면 다음과 같은 일이 현실화될 것으로 보입니다. 즉,
대규모 우라늄을 이용한 핵 연쇄 반응이 가능하게 되고, 이로써 막
대한 에너지를 얻을 수 있을 것입니다.

이러한 우라늄 연쇄 반응이 폭탄 개발로 이어지면, 가공할 파괴력을 지닌 폭탄 제조가 가능하게 될 것입니다. 폭탄 하나만 배에 싣고 폭파시켜도, 항구 전체는 물론이고 그 주변 지역 모두를 폐허로 만들어 버릴 것입니다.

이런 상황을 감안할 때, 미국 정부가 연쇄 반응을 연구하는 물리학자와 다각도로 접촉하는 것이 바람직하다고 생각합니다. 그리고 대통령이 신뢰하고 믿을 수 있는 사람에게 이 일을 맡기는 것이 좋을 듯합니다.

아인슈타인을 만나고 돌아온 유대계 물리학자들은 미국의 루스벨트 대통령에게 편지를 전달할 적당한 인물을 소개받았습니다. 그는 작스라는 사람으로, 루스벨트 대통령의 선거 운동 때 경제 관련 연설문을 작성했다고 합니다.

작스가 루스벨트 대통령을 만났습니다.

"반갑네, 작스. 그래 무슨 일인가?"

작스는 루스벨트에게 말했습니다. 먼저, 원자력 에너지를 전력에 이용하는 문제, 다음은 방사능 물질을 의학적으로 적

용하는 문제, 마지막으로 원자 폭탄의 가공할 위력에 대해 설명했습니다.

"결국 말의 요지는 독일의 침공을 막자는 뜻이로군."

루스벨트가 답했습니다.

"맞습니다."

대통령이 보좌관을 불렀습니다.

"그냥 흘려들을 사안이 아닌 것 같네. 작스와 상의해서 이 일을 면밀히 처리해 보게나."

그들은 이 일을 처리할 위원회의 구성에 합의했습니다.

"위원회는 핵물리학자들과 정례적인 만남을 통해 깊이 있는 토론을 이어 나가는 것이 좋을 것 같습니다."

작스가 제안했습니다.

위원회와 핵물리학자들의 첫 모임은 1939년 10월 21일 워싱턴에서 열렸습니다. 여러 사람들이 다양한 의견을 내놓았습니다.

"우라늄 폭탄의 위력은 고성능 폭약 2만여 톤과 엇비슷할 것으로 예상됩니다."

"중성자와 우라늄을 충돌시켜 에너지를 얻겠다는 발상은 다소 무리가 따를 것으로 봅니다."

"그래요. 핵무기 같은 걸로 국방에 기여할 수 있다고 보는

우라늄 폭탄

건 현실을 직시하지 못하는 얘기입니다. 신형 무기는 통상적으로 두어 번의 실전 배치를 거친 후 괜찮은지 아닌지를 판별하게 됩니다. 더구나 전쟁을 이기는 건 무기가 아니라 군인의 사기입니다.”

“핵 개발이 국가 방위에 끼칠 수 있는 영향을 진지하게 토론했으면 합니다.”

작스가 끼어들었습니다.

“우리가 논의하는 것은 시간을 지체하기에는 너무도 중요한 사안입니다. 적으로부터 무시무시한 공격을 당할 가능성이 높기 때문에 우리가 굳게 뭉쳐 힘을 모아야 합니다. 우리는 지금의 기회를 놓쳐서는 안 됩니다. 그들보다 앞서 나갈수 있도록 협력해야 할 겁니다.”

"우라늄 핵분열 실험을 하려면 지원 자금이 필요합니다."

"어느 정도면 되겠습니까?"

"우선 흑연을 사는 데 6,000달러가 필요합니다."

"알겠습니다. 곧 실험 자금을 받게 될 것입니다."

이날 회의의 중요 내용이 대통령에게 보고되었습니다.

"우라늄 핵분열 반응의 폭발력이 대단한 것으로 드러나면, 지금까지 알려진 그 어떤 폭탄보다 월등한 파괴력을 갖는 무기를 제조할 수 있을 것으로 봅니다. 이건 철저한 확인을 요하는 사안이기에 적절한 지원이 필요하다고 생각됩니다."

독일의 상황

그 무렵 독일의 상황은 더욱 긴박하게 돌아가고 있었습니다.

독일 육군은 핵분열 연구 집단을 통합시켰고, 원자 폭탄의 개발 가능성을 논의하기 위한 비밀 회의를 소집했습니다. 저명한 핵 관련 학자들이 베를린에 도착했습니다. 그중에는 물론 오토 한도 포함되어 있었습니다.

1939년 9월 16일 베를린 회의.

"우리 정보 기관에서 미국과 영국의 우라늄 연구 활동을 탐

지하고 있습니다. 우리도 매진해야 할 것입니다."

독일의 과학자들은 핵분열 과정을 심도 있게 논의했습니다. 다음 회의 때는 하이젠베르크(Werner Heisenberg, 1901~1976)를 참석시키기로 합의했습니다. 하이젠베르크는 상대성 이론과 함께 현대 물리학의 쌍벽을 이루는 양자론을 구축하는 데 결정적인 역할을 한 물리학자입니다.

열흘 후, 하이젠베르크가 참석한 2차 베를린 비밀 회의가 열렸습니다. 참석자들은 우라늄 핵분열에서 에너지를 끌어 내는 방법을 놓고 열띤 공방을 펼쳤습니다.

"2차 중성자를 감속시켜서 우라늄을 분열시키는 방법은……."

"우라늄-235를 분리해 내어 폭탄을 생산하는 방법은……."

회의는 하이젠베르크가 이론 연구의 책임을 맡아서 진행하는 것으로 끝을 맺었습니다.

독일은 정부 차원에서 우라늄 연구를 전폭적으로 지원했습니다. 연구비와 실험 재료, 실험 기기를 부족함이 없도록 제공했지요. 독일은 미국과는 확연히 비교될 만큼 일사불란하게 원자 폭탄 계획을 밀어붙이고 있었던 것입니다.

이 무렵까지만 해도 독일의 원자 폭탄 연구가 미국을 훨씬 앞서 가고 있었습니다. 하이젠베르크가 자신에 찬 목소리로 군에 보고했습니다.

"중성자를 감속시킬 적당한 물질을 충분히 공급해 주면, 우라늄을 이용한 원자 에너지의 생산이 가능하다고 봅니다."

독일은 감속재로 중수를 선호했던 것입니다.

감속재란 중성자의 속도를 늦추어 주는 물질입니다. 그리고 중수는 중성자를 포함하고 있어서 보통의 물보다 무거운 물을 말합니다.

그런데 문제는 중수가 고가인 데다가 생산해 내는 곳이 흔치 않다는 점이었습니다. 독일 내에는 중수를 생산하는 공장

이 없었습니다. 그렇다고 전쟁이 치열하게 전개되고 있는 상황에서 중수 생산 공장을 한가하게 건설할 수도 없는 노릇이었습니다.

당시 중수를 대량으로 생산하던 곳은 노르웨이 남부에 위치한 베모르크의 전기 화학 공장이었습니다. 이 건물은 암모니아를 생산하기 위해 지었는데, 그 부산물로 중수를 얻고 있었던 것입니다.

"재고로 남은 중수와 매달 생산하는 중수를 대량 구입할 테니 될 수 있는 한 중수를 많이 생산해 주시오."

독일 정부가 이 공장에 요구했습니다.

"저들이 갑자기 왜 이렇게 많은 중수를 요구하는 거지?"

베모르크 공장 측은 의아해했습니다. 공장은 즉각 독일의 의도 파악에 들어갔습니다. 프랑스는 독일이 중수 문제로 베모르크 공장과 접촉했다는 소식을 듣고, 서둘러 베모르크 공장 측과 만났습니다. 그러고는 독일의 중수 매입 의도에 대해 소상히 설명해 주었습니다.

"중수는 저희가 사겠습니다."

프랑스의 제안에 공장 측은 다음과 같이 말했습니다.

"우리가 보유하고 있는 중수 전부를 무상으로 드리겠습니다."

이에 따라 중수는 프랑스로 옮겨졌습니다.

반면, 중수 구입을 거절당한 독일은 이참에 노르웨이를 점령해서 베모르크 공장을 손아귀에 넣겠다고 다짐했습니다.

독일은 노르웨이뿐만 아니라 덴마크도 침공했습니다. 독일의 침략에 대해 덴마크 국왕은 별다른 저항 없이 손을 들었습니다. 그러나 독일의 주 침공 목표였던 베모르크 공장 함락은 의외로 힘겨웠습니다. 주변 지역이 온통 화강암 절벽으로 이루어진 험한 산악 지형이어서 접근 자체가 힘들기도 했을 뿐더러 노르웨이 인의 저항도 만만치가 않았기 때문입니다. 그러나 최신식 무기로 무장한 최정예 독일 군대와의 싸움은 한계가 있을 수밖에 없었습니다.

결국 그 해 5월 초 독일은 베모르크 공장을 손에 넣었습니다.

영국의 설득

제2차 세계 대전이 점차 확산되면서 영국과 미국은 군사 기밀을 서로 주고받기 시작했습니다. 두 나라의 긴밀한 상호 교류는 영국이 원자 폭탄의 실현 가능성을 미국에게 적극적으로 알리는 계기를 마련해 주었습니다. 1941년 7월 미국은 영국이 보낸 보고서 초안을 받았습니다.

우리는 우라늄을 이용해서 원자 폭탄을 제조하는 것이 가능하다는 결론에 도달했습니다. 10kg 정도의 우라늄-235가 지닌 폭발력은 TNT 수천 톤의 위력과 동등하며, 적잖은 양의 방사능 물질을 방출하기까지 합니다.

우라늄-235를 분리해 내는 공장을 짓는 데는 상당한 돈이 들지만, 적국이 앞서 원자 폭탄을 개발하게 된다면 우리가 입을 정신적, 물질적, 육체적 피해는 상상하기가 어려울 정도입니다. 우리가 먼저 원자 폭탄을 개발해야 하는 당위성이 여기에 있습니다. 따라서 우리는 할 수 있는 모든 노력을 최대로 기울여야 한다고 생각합니다. 원자 폭탄을 제조하는 데 드는 우라늄-235는 1943년까지 준비할 수 있을 것입니다. 그전에 제2차 세계 대전이 끝날 수도 있겠지만, 그렇다고 원자 폭탄이 쓸모없는 무용지물이 되지는 않을 겁니다. 원자 폭탄을 소유하고 있다는 것만으로도 그 국가는 절대적인 군사적 우위를 점할 테니까요.

그해 8월, 영국의 사절단이 또 한 번 미국으로 날아갔습니다. 그들은 일의 화급함을 알기에 단 몇 시간이라도 아끼려고 폭격기를 타고 대서양을 건넜습니다. 그리하여 영향력 있는 미국 물리학자 로런스(Ernest Lawrence, 1901~1958)를 만났습니다. 그들은 우라늄-235를 분리하는 방법과 플루토늄을 생산하는 방법에 대해 심도 있는 논의를 했습니다.

로런스는 명망 있는 물리학자 콤프턴(Arthur Compton, 1892~ 1962)에게 전화를 걸었습니다.

"저는 원자 폭탄이 가능하다는 확신을 갖게 되었습니다. 만약 이 무시무시한 원자 폭탄이 제2차 세계 대전이 끝나기 전에 만들어진다면 전쟁의 양상은 판이하게 달라질 것입니다. 전쟁의 결과는 이 무기를 소유하고 있는 국가의 뜻대로 좌지우지되리라고 봅니다. 따라서 우리가 독일보다 앞서서 이 신무기를 개발해야 할 것으로 생각합니다. 이것은 다른 어떤 작업보다 긴급하게 진행되어야 합니다."

콤프턴은 로런스의 생각에 동의했습니다. 이러한 로런스와 콤프턴의 원자 폭탄에 대한 긍정적 시각은 그때까지도 의심의 꼬리를 완전히 거두지 못하고 있던 미 행정부 고위 관료의

과학자의 비밀노트

콤프턴과 로런스

콤프턴은 '콤프턴 효과'를 발견하였고 이것의 이론을 실증한 윌슨과 함께 1927년 노벨 물리학상을 수상하였다. 또한 1914년 이후 원자력 이용에 관한 국가 위원회 의장이 되어 페르미, 위그너 등과 우라늄 핵분열로 건설을 추진하여 플루토늄로를 완성하였다. 이것이 일본 나가사키에 투하된 원자 폭탄의 재료가 된 것이다.

로런스는 높은 에너지를 얻을 수 있는 최초의 입자가속기인 사이클로트론을 발명하여 1939년 노벨 물리학상을 받았다. 또한 제2차 세계 대전 동안 맨해튼 계획에 참여해 원자 폭탄에 쓰이는 우라늄-235를 전자기적으로 분리하는 공정의 개발 책임자로 일했다. 그는 핵물리학 분야의 업적 외에도 컬러텔레비전의 브라운관을 발명해 특허를 얻었다.

태도를 바꾸는 데 결정적인 영향을 끼쳤습니다.

10월 3일, 영국이 보낸 최종 보고서가 미국에 전달되어 루스벨트 대통령에게 직접 보고되었습니다.

"우라늄-235를 분리해 내는 데는 대형 정유 공장 몇 개를 짓는 데 필요한 자금이 소요될 걸로 예측합니다. 하지만 우라늄은 캐나다와 아프리카의 콩고에서 부족함 없이 가져올 수가 있습니다."

루스벨트는 브리핑을 진중히 들었습니다.

"따라서 우리 미국이 이것에 대해 한시바삐 영국과 긴밀한 교류를 구축해 나가야 한다고 봅니다."

"좋소, 그렇게 하시오."

루스벨트의 승인이 떨어졌습니다.

바빠진 미국

미국의 고위 관리가 콤프턴을 만났습니다.

"원자 폭탄을 만드는 데 들어갈 비용과 필요한 우라늄-235의 양에 대한 구체적인 보고서를 올려 주시오."

콤프턴은 도움을 얻기 위해 페르미를 찾았습니다. 페르미는 칠판에 계산을 덧붙이면서 상세한 설명을 했습니다.

"가장 보수적으로 계산한다고 해도 원자 폭탄을 만드는 데 소요될 우라늄-235의 양은 50kg이 넘지 않을 것으로 생각됩니다."

콤프턴이 다음으로 만날 상대자는 유리(Harold Urey, 1893~1981)였습니다. 유리는 1934년 노벨 화학상 수상자로

페르미와 같은 컬럼비아 대학에 몸담고 있는 세계적인 원소 분석가였습니다.

"우라늄 원소를 분리할 수 있는 공장을 건설하는 데 적어도 5천여 개의 분리막이 필요할 것으로 봅니다."

콤프턴이 다음으로 조언을 구한 물리학자는 위그너(Eugene Wigner, 1902~1995)였습니다. 위그너도 노벨 물리학상 수상 자이지요. 콤프턴은 위그너를 만나기 위해 프린스턴으로 향했습니다.

"페르미가 시도하는 실험은 플루토늄을 만들어 낼 것입니다."

그다음 콤프턴은 시카고로 갔습니다. 그곳에서 그는 시보그(Glenn Seaborg, 1912~1999)를 만났습니다. 시보그도 노벨상 수상자이지요.

"우라늄에서 플루토늄을 뽑아내는 건 그다지 어렵지 않을 것으로 생각합니다."

콤프턴은 여기까지 조언을 얻은 뒤에 우라늄 위원회를 열었습니다. 10월 21일 회의에 드디어 로런스가 나, 오펜하이머를 대동하고 참석하였습니다.

회의는 로런스가 보고서를 읽는 것으로 시작했습니다. 이어서 콤프턴이 미국을 순회하면서 들었던 조언자들의 얘기를 꺼내 놓았고, 나는 원자 폭탄이 되기에 적당한 우라늄-235의 질량을 계산해 보였습니다.

그리고 3년에서 5년 사이면 원자 폭탄을 충분히 제조해 낼 수 있으며, 거기에 드는 총비용은 수억 달러쯤 될 거라는 얘기가 오고 갔습니다.

그러나 보고서를 마무리하기엔 아직도 미진한 부분이 남아 있었습니다. 폭발 시 우라늄 가스의 압력은 얼마나 되는지, 방출되는 복사선의 세기와 양은 어느 정도나 될지에 대한 구체적인 답이 없었던 것입니다.

콤프턴은 이에 대한 답을 나에게 요청했지요. 콤프턴이나 로런스가 나에 대해서 갖고 있던 신뢰는 대단했습니다. 그들

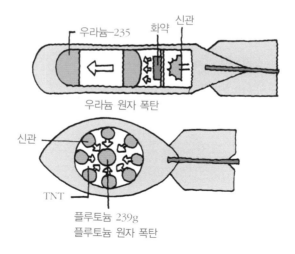

은 내가 문제의 본질을 규명하고 해석해 내는 출중한 능력이 있다고 보았지요. 나는 그들의 바람을 충족시켜 주었습니다.

콤프턴은 10월 말까지 보고서를 완벽하게 작성했고, 11월의 첫날 고위 관리에게 보고서를 보냈습니다.

우라늄-235를 구형으로 빠르게 합치면, 가공할 위력을 내뿜는 폭탄을 제조할 수 있습니다. 현재 원소 분리는 상당히 진척되어서 실용화 단계까지 와 있습니다. 3~4년이면 원자 폭탄을 만들 수 있으리라 봅니다. 미국의 국가 방위를 지키는 조치로서도 이 계획을 시급히 시행해야 한다고 생각합니다.

고위 관리는 이 보고서를 루스벨트 대통령에게 전달했고, 대통령은 계획대로 일을 진행시킬 것을 최종적으로 허락했습니다.

만화로 본문 읽기

우라늄 원자핵의 연쇄 반응이 가능하다는 사실이 밝혀진 후, 아인슈타인은 당혹스러움을 감추지 못했어요.

왜요?

핵분열 연쇄 반응으로 파괴력이 큰 에너지를 얻을 수 있기 때문이지요?

맞아요. 따라서 아인슈타인은 독일이 우라늄을 손에 넣을 경우에 군국주의에 대한 망령이 되살아날 것을 우려한 것이었죠.

그렇다면 독일의 핵실험을 늦출 수 있는 방법을 찾아봐야 했겠네요?

당시 우라늄 채광권을 벨기에가 갖고 있었지요. 그래서 아인슈타인과 과학자들은 독일에 우라늄을 팔지 못하도록 벨기에 정부를 설득했어요.

아~, 독일이 우라늄을 확보하지 못하게 했군요.

독일에 우라늄을 팔지 말아 주세요.

당시 독일의 상황은 어떠했나요?

과학자들을 원자 폭탄 개발 연구에 참여시키는 등 정부 차원에서 우라늄 연구를 전폭적으로 지원하고 있었어요.

우라늄을 연구해 주시오.

독일의 상황이 매우 긴박하게 돌아가고 있었군요.

미국의 대응도 만만치 않았을 것 같은데요?

이 무렵까지만 해도 독일의 원자 폭탄 연구가 미국을 훨씬 앞서가고 있었어요.

하지만 미국에서도 곧 루스벨트 대통령의 허락 하에 원자 폭탄을 만드는 계획을 시행한답니다.

원자 폭탄을 소유하고 있는 것만으로도 절대적인 군사적 우위를 갖겠네요.

원자 폭탄 개발

원자 폭탄 제조 시간은 얼마나 걸릴까요?
원자 폭탄이 처음 만들어진 곳은 어디일까요?

네 번째 수업

원자 폭탄 개발

오펜하이머는 드디어
자신의 활약이 시작된다며 신이 나서
네 번째 수업을 시작했다.

독일보다는 늦은 발걸음이었지만, 미국이 원자 폭탄 개발
계획에 시동을 걸기 시작할 즈음, 그 시동에 가속도를 붙여
주는 사건이 터졌습니다.

1941년 11월 27일, 미 육군 참모총장은 하와이 지역 사령
관에게 문서를 보냈습니다.

일본과의 회담 재개 가능성이 완전히 사라졌다고 보긴 어렵지만,

실질적으로는 끝났다고 보는 것이 합당할 터이다. 현재의 진행대로라면, 일본은 어느 때라도 적대적으로 나올 가능성이 농후하다. 적대 행위를 피할 수 없다면, 미국은 일본이 먼저 테이프를 끊어 주길 기대하고 있다. 따라서 각별한 주의가 요망되며, 민간인의 동요가 없도록 적절한 조치를 취해 주길 바란다.

몇 시간 뒤 진주만 주둔 해군 사령관도 비슷한 내용의 전보를 받았습니다.

태평양의 평화를 간절히 바라면서 진행해 왔던 일본과의 회담이 결국 파국으로 끝났다. 수일 내에 일본의 공격적인 움직임이 있을 것으로 본다. 신속히 적절한 방어 조치를 취하길 권고한다.

진주만에 주둔한 미군은 일본이 바다로 침공할 것이라고 보았습니다. 그래서 정박해 있는 함정에 안전 조치를 취한 후, 일본 군함이 섬 근해로 다가오면 가차없이 공격할 것을 명령했습니다. 그러나 일본의 침입은 해상이 아니었습니다.

1941년 12월 7일 일요일, 진주만은 더없이 평화로웠습니다.

"이게 뭐지?"

레이더 감시병이 스크린에 나타난 불빛을 가리켰습니다.

"장비에 이상이 생겼나?"

그러나 장비는 정상이었습니다.

"그렇다면 비행체인데?"

레이더 감시병이 상부에 긴급히 보고했습니다.

"일요일 이른 아침에 이렇게 많은 비행체들이 목격된 적은 없었던 걸로 미루어 봐서……."

정보 종합 센터는 얼마 전 제독이 내린 지시사항을 떠올렸습니다.

"적군이 해상으로 공격해 온다고 했는데?"

일단 비행체들이 날아온 방향을 살폈습니다. 비행체들의 항로는 미 대륙의 캘리포니아와 진주만을 연결하는 항로와 일치했습니다. 그러자 정보 종합 센터는 경계심을 풀었습니다.

진주만의 안이한 보안 태도와는 달리 일본군의 정신 무장은 한마디로 결사적이었습니다. 일본의 비행대장은 미군과의 전투로 흘리게 될지도 모를 피를 감추기 위해 빨간 셔츠를 입고 있었습니다. 또한 부하들은 여차하면 미군 전함으로 돌진할 각오가 돼 있었습니다. 이른바 가미카제(제2차 세계 대전 때 폭탄이 장착된 비행기를 몰고 자살 공격을 한 일본군 특공대)를 감행할 자세가 되어 있었던 것입니다.

7시 53분, 40대의 공중 어뢰 공격기, 43대의 전투기, 49대의 고공 폭격기, 51대의 경폭격기로 이루어진 일본 비행대의 첫 공습이 성공을 거두었습니다.

"도라, 도라, 도라."

일본군 비행대장이 진주만 공습에 성공했다는 무선 암호를 보냈습니다. 도라는 일본어로 호랑이를 말합니다.

부서진 순양함, 갈기갈기 찢어진 전투함, 불바다에서 발버

둥치는 병사들, 부상자들의 울부짖음……. 여느 주말처럼 평온한 일요일을 맞이하려 했던 진주만은 단 몇 분 만에 그렇게 아수라장으로 변해 버리고 말았습니다.

미국의 해군 제독은 진주만이 천국에서 지옥으로 일순 맥없이 무너져 버리는 참담한 광경을 옆집 잔디밭에서 넋을 잃고 바라보고 있었습니다. 그는 말을 잃은 채 겁에 질려 있었습니다.

7시 58분, 일본군의 공습이 전 세계로 타전되었습니다.

"진주만 공습, 훈련 상황이 아님!"

1시간쯤 뒤, 일본의 제2차 공습이 이어졌습니다. 167대의 항공기가 확인 사살하듯 온전히 남아 있는 것들을 남김 없이 부숴 버렸습니다. 이날 있었던 2번의 공습으로 진주만은 20

여 척의 군함이 전복되거나 침몰되었습니다. 또 300여 대의 전투기가 파괴되었으며, 1,200여 명의 부상자와 2,500여 명의 사망자가 발생했습니다.

이튿날 미국의 루스벨트 대통령은 일본과 독일에 대해 전면전을 선포했습니다.

황급해진 미국 1

일본은 나름대로의 계산이 있어서 진주만을 급습한 것이었습니다. 전쟁 초기에 미국의 막강한 군사력에 치명타를 입혀야 동남아시아 지역에서 입지를 넓히는 데 유리하다고 보았던 것이지요.

"원자 폭탄은 분명 가능하다. 그러나 우리의 아군이건 적군이건 그걸 이번 전쟁에 사용하는 건 불가능하다."

일본이 이러한 결론을 확신 있게 내린 데에는 우라늄-235를 다량으로 얻어 내는 일이 지극히 어려울 것이라고 보았기 때문입니다. 그러나 이것은 명확한 오판이었습니다. 일본은 미국의 기술과 자본력을 너무 과소평가했던 것이지요.

거기에다 일본은 미국인과 미국 문화를 제대로 읽는 데도 실패했습니다. 여러 민족이 복잡하게 어우러져 있는 국가가 미국인 것은 사실이지만, 어려운 시기가 닥치면 똘똘 뭉치는 저력이 미국인과 미국 문화의 밑바탕에 숨어 있다는 것을 일본은 똑바로 직시하지 못한 것이었습니다.

그랬습니다. '장고 끝에 악수 둔다'란 말이 있듯이, 일본의 진주만 공격은 치명적인 판단 착오였습니다. 일본은 그로부터 3년 9개월여 뒤, 진주만 공습에 대한 대가를 혹독하리만큼 치르게 되었습니다.

일본의 예상치 못한 진주만 공습은 미국의 행보를 급작스러울 정도로 빠르게 했습니다. 진주만 공습이 미국의 원자 폭탄 개발에 불을 댕기고 만 셈이 되었지요. 미국의 원자 폭탄 계획은 일순 밀어붙이기식으로 빠르게 진행되었습니다.

콤프턴은 원자 폭탄 개발 과정을 구체적으로 제시했습니다.

우라늄의 연쇄 반응은 1942년 10월 초쯤 성공할 것으로 예측함.
플루토늄 생산 공장은 1943년 10월 초쯤 가능할 것으로 예측함.
원자 폭탄 제조에 적정한 양의 플루토늄은 1944년까지 확보할 수
있을 것으로 예측함.

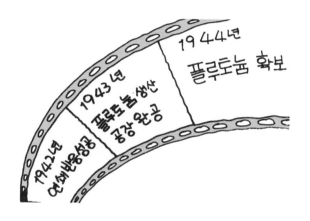

황급해진 미국 2

미국의 원자 폭탄 관련 책임자에게 시간은 이제 그 무엇과
도 바꿀 수 없는 것이 되어 버리고 말았습니다. 따라서 시간을

단축하고 좀 더 효율적으로 일을 추진하기 위해 미 대륙에 흩어져 있던 핵 관련 연구자들을 한곳에 모아야 할 필요가 있었습니다. 콤프턴은 각 지역의 연구 책임자들을 시카고로 불렀습니다.

"공동 연구 단지로 시카고가 어떨까 합니다."

콤프턴이 제안했습니다.

"우리 정부가 이 전쟁에서 이길 수만 있다면 시카고 대학에선 어느 장소라도 기꺼이 내줄 용의가 있습니다. 이건 대학 총장의 승인을 이미 받아 놓은 사안입니다. 그리고 시카고는 서부와 동부를 잇는 미 대륙의 중앙에 위치해 있으므로 교통의 이점도 있지요."

콤프턴은 시카고의 장점을 설명한 뒤 시카고를 우라늄 계획의 중심지로 결정하겠다고 선언했습니다.

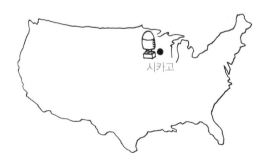

시카고

한편, 루스벨트 대통령은 이에 대한 보고를 받았습니다.

"우리는 이미 적군과 경쟁 상태에 들어갔다고 보아야 합니다. 현재의 진척대로라면 1944년이 가기 전에 원자 폭탄에 대한 결실을 맺을 수 있으리라 봅니다."

"그래요, 현재의 상황은 분명 이전과 같지 않습니다. 지금부터는 시간의 관점에서 일을 황급히 처리해 나가야 할 것입니다."

1942년 5월, 우라늄 업무 관련 책임자들이 다시 모였습니다. 이날의 토의는 원자 폭탄을 만드는 가장 효율적인 방법을 찾는 것이었습니다.

"현재까지 원자 폭탄을 제조할 수 있다고 알려진 방법은 원심 분리법, 가스 확산법, 전자기 방법, 흑연 사용법, 중수 사용법이 있습니다. 이 5가지 방법 모두 전망은 밝아 보입니다. 하지만 원자 폭탄을 생산해 내는 데까지 걸리는 시간은 분명 같지 않을 것이라고 봅니다. 반년이나 1년이란 기간이 짧은 시간은 아니지만, 때로는 훌쩍 지나가 버릴 수도 있는 시간입니다. 우리가 처한 현 상황은 무엇보다 시간이 우선되어야 할 시점입니다. 하지만 만약 이 5가지 방법 가운데 하나만 선택했다가 자칫 그것이 실패로 끝나 버린다면……. 그건 생각하기도 싫고 있어서도 안 될 것입니다. 그래서 우리는 5가지 방법 모두를 동시에 추진해 나갈 것입니다. 그러다가 가장 빨리 진척되는 것을 이용해서 원자 폭탄을 생산해야 할 것입니다. 우리가 확보한 정보에 따르면, 독일이 1년까지도 앞선다는 얘기가 흘러나오고 있습니다. 시간이 없습니다. 그들보다 원자 폭탄을 먼저 손에 쥐려면 즉시 밀어붙여야 합니다."

예상치 못한 진주만 공습을 받은 이후, 미국이 얼마나 다급해하고 있는가를 여실히 보여 주는 이날의 회의는 이렇게 끝을 맺었습니다.

원자 폭탄 개발 계획 사령관

제2차 세계 대전은 어느덧 중반전에 돌입하고 있었고, 미국의 우라늄 무기 개발 계획은 실무자를 뽑는 구체적인 단계로 접어들고 있었습니다.

고위 관리와 육군의 소머벨 장군이 만났습니다.

"제 휘하 부대에서 이 업무를 총괄 책임지도록 하겠습니다."

소머벨 장군이 말했습니다.

"적당한 인물이 있으시다는 말씀이죠?"

"유능한 군인이 한 사람 있습니다."

소머벨은 자기 부하 1명을 떠올렸다.

1942년 9월 17일 오전, 그로브스는 미 하원 군사 위원회에서 공병에 관련된 답변을 하고 있었습니다. 그로브스는 육군의 대형 건설 업무와 관계된 일을 지휘하는 공병대 대령이었습니다. 그로브스는 공사 업무에서 하루빨리 벗어나고 싶어 했습니다. 당시 그로브스는 해외 근무를 맡기로 되어 있었습니다. 그런데 국회 증언을 끝내고 나오는 복도에서 그의 최고 상관을 만나게 된 것입니다.

"그래, 답변은 만족스럽게 마무리했나?"

"무리 없이 끝냈습니다."

"수고했네."

"감사합니다."

"헌데 자네 해외 근무 건 말인데……."

그로브스는 해외 근무 발령이 여의치 않을 것임을 직감했습니다. 소머벨이 말을 이었습니다.

"취소를 해야 할 듯싶네."

"이유를 여쭤 봐도 되겠습니까?"

"자네에게 아주 특별한 보직이 주어질 것 같네."

"특별한 보직이라면……?"

"막중한 임무라네."

"근무지는 어딥니까?"

"워싱턴."

"저는 워싱턴에 더 이상 있기 싫습니다."

그로브스는 부대를 지휘하길 원했던 것이었지요.

"조국의 승리를 위한 일이라네. 자네가 얼마나 알찬 결과를 훌륭히 이끌어 내느냐에 따라 전쟁의 승패가 판가름날 수도 있는 일일세."

조국의 승리라는 말 앞에 그로브스는 더 이상 다른 말을 하지 못했습니다. 그는 미 육군 사관 학교 출신이었습니다.

그로브스는 미국의 원자 폭탄 개발 계획인 맨해튼 프로젝트를 총괄하는 사령관에 임명되었습니다. 그와 동시에 대령에서 준장으로 승진했습니다.

연구소장 오펜하이머

그로브스는 군인으로서는 나무랄 데 없는 인물이었습니다. 과감한 결단력과 큰 임무를 수행하는 데 남다른 능력을 지니고 있었습니다. 육군에서 진행하는 대형 건설 계획에 그로브스의 이름이 빠진 적이 거의 없다는 것만 보아도 그의 뛰어난 능력을 알 수 있습니다.

하지만 인간이 모든 분야에 두루 능통하고 완벽할 수는 없는 법이지요. 그도 물리학자들 앞에서는 기가 죽을 수밖에 없었습니다. 원자 폭탄에 대해 토론을 하자면, 물리학자들과 자연스럽게 대화를 주고받을 수 있어야 하는데, 그 방면에 문외한인 그로브스에게 그들과의 만남은 매우 부담스러운 일이었지요. 아니, 부담스러운 정도가 아니라 엄청난 스트레스였습니다. 그래서 맨해튼 프로젝트의 종합적인 책임은 자신이 맡지만, 연구 분야는 우수한 물리학자에게 맡기는 것이 좋겠다는 생각을 하게 되었습니다.

그로브스가 연구소장으로 물리학자를 염두에 둔 데에는 물리학자들이 군의 조직 문화에 쉽게 적응하지 못한다는 점도 한몫을 했습니다. 군의 체계적인 조직 문화는 일사불란한 통솔에는 적격일지 모르지만, 창의적인 사고를 이끌어 내는 데는 거리가 있지요. 창의적인 사고는 자유로운 분위기에서 창출되니까요.

그로브스는 연구소장으로 적당한 인물이 누구일까를 곰곰이 생각하다가 나, 오펜하이머를 꼽았습니다. 그로브스는 나의 지적 능력을 높게 평가했습니다.

"그는 진짜 천재입니다. 오펜하이머는 물리학의 모든 걸 알고 있지요."

그로브스는 나의 이름을 군사 정책 위원회에 올리면서, 더 우수한 물리학자가 있으면 추천해 달라고 했습니다. 물론, 마땅한 추천자가 나오지 않았지요. 이렇게 해서 내가 맨해튼 프로젝트의 연구소장직에 임명되었습니다.

로스앨러모스

실질적인 책임자들이 정해졌으니, 연구 장소를 물색하는 일만 남게 되었습니다.

그로브스는 연구소가 들어설 지역의 입지 조건에 대해 말했습니다.

"연구는 비밀 유지가 최우선이어야 하고, 실험의 성격상 시민의 안전을 고려하지 않을 수 없습니다. 그러므로 도심과는 거리가 먼 곳이어야 하며, 교통은 편리하고 물을 원활히 공급할 수 있어야 합니다."

이 조건에 맞는 장소를 찾다가 두 지역이 유력한 후보지로 추천되었습니다.

첫 번째 후보지는 유타 주의 아름다운 오크 시였습니다. 그러나 그곳에서 농사를 지으며 사는 수십 가구에 달하는 마을 주민들의 이주 문제와 광활한 토지 보상 문제가 큰 걸림돌이 었습니다. 따라서 오크 시는 후보지에서 제외되었습니다.

두 번째 지역은 뉴멕시코 주의 예메스 스프링스였습니다. 나는 이곳을 몹시 좋아했습니다. 그러나 이곳에 대한 그로브스의 첫인상은 부정적이었습니다.

"적당하지 않은데……."

하지만 내가 얼른 말했지요.

"이 계곡을 따라서 올라가면 넓은 지역과 학교가 나옵니다. 여기와는 다르다는 걸 대번에 알 수 있을 겁니다."

계곡을 오르자 그곳에 학교가 있었습니다. 학교 이름은 로스앨러모스였습니다. 로스앨러모스는 허약한 부유층 자제를 교육시키기 위해 1917년에 세운 학교이지요. 학생들은 난방도 제대로 되지 않는 통나무 기숙사에서 지냈습니다.

그곳은 아름다웠습니다. 동쪽으로는 로키 산맥이 뻗어 있었고, 선인장과 몇 그루의 나무가 자라 있는 땅은 드넓었습니다.

그로브스가 외쳤습니다.

"그래, 이곳이야!"

이곳은 오크 시와는 달리 매입하는 데도 큰 걱정이 없었습니다. 학교 건물과 학교 소유의 땅, 석탄 30여 톤과 장작더미, 트랙터 2대와 60여 마리의 말, 말안장 50여 개, 소장 도서 1,600여 권을 모두 합쳐서 50여만 달러면 보상금으로 충분했습니다.

이렇게 해서 뉴멕시코의 황무지 로스앨러모스가 미국의 원자 폭탄 개발을 총지휘하는 지역으로 결정되었습니다.

연구원 데려오기

이제 남은 일은 뉴멕시코의 황무지에 새로운 역사를 써내려가는 것입니다. 나는 그 첫 삽을 우수한 연구 인력을 데려오는 것으로 시작했습니다.

그러나 그로브스나 내가 대단히 흡족해한 것과는 달리, 대다수 물리학자들은 로스앨러모스를 그다지 반기지 않았습니다.

"그런 곳에서는 누구라도 정상적인 생활을 할 수가 없습니다."

그랬습니다. 뉴욕이나 캘리포니아 같은 대도시 생활에 익숙해져 있는 물리학자들을 로스앨러모스로 데려온다는 것은 정상적인 상황이라면 불가능에 가까운 일이었습니다. 그러나 당시는 전시 상태였습니다.

나는 전 미국을 열정적으로 누비고 다녔습니다. 하지만 예상한 대로 가는 곳마다 상대는 선뜻 내켜 하지 않았습니다. 그러나 나에겐 그들을 설득할 한 가지 묘책이 있었습니다.

"여행은커녕 이동하는 자유조차 제한되겠죠?"

"그럴 겁니다."

"군의 후원 아래 연구를 하게 되면 학자들의 독창성이 무너지지 않을까요?"

"부정하기 어렵습니다."

"대학을 떠나서 그런 황량한 곳에 갔다가 전쟁이 끝난 뒤에 실업자로 전락할 가능성은 없겠습니까?"

"여러분들의 불안과 걱정을 충분히 이해합니다. 하지만 물리학자로서 한 번쯤 참여해 볼 만한 가치 있는 일이라고 생각합니다. 여러분의 물리학 지식을 조국을 구하는 데 사용할 수 있다면 얼마나 가슴 뿌듯한 일이겠습니까! 평화를 지키는 데 여러분의 능력을 쓸 수 있는 더없이 좋은 기회입니다. 여러분은 새로운 역사를 쓰는 주역이 될 것입니다."

나의 예상대로 조국애가 물리학자들의 피 끓는 애국심을 자극했고, 많은 물리학자들이 로스앨러모스로 왔습니다.

로스앨러모스에는 2,500여 명의 과학자들로 북적거렸습니

과학자의 비밀노트

파인먼(Richard Feynman, 1918~1988)

미국 뉴욕에서 태어난 물리학자로, 24세 때 프린스턴 대학에서 박사 학위를 취득했다. 제2차 세계 대전 중에는 미국의 원자 폭탄 계획인 맨해튼 프로젝트의 일원으로 일하였으며 이후 코넬 대학교, 캘리포니아 공과대학교 교수로 재직하였다. 양자 역학에서의 경로적분, 입자물리학에서 양자전기역학의 정식화와 쪽입자 모형의 제안, 과냉각된 액체 헬륨의 초유동성 등을 연구했다. 양자전기역학에서의 공로로 줄리언 슈윙거, 도모나가 신이치로와 함께 1965년 노벨 물리학상을 수상했다. 또한 아원자입자의 행동을 지배하는 수학적인 기술을 표현하는 직관적인 도형 표기를 개발하였는데, 이것이 파인먼 도표이다.

다. 미국의 내로라하는 모든 물리학자와 화학자가 그곳에 집결했지요.

이들 중 20대의 젊은 파인먼(Richard Feynman, 1918~1988)도 끼어 있었습니다.

그로브스와의 타협

나는 내 뜻에 동의해 준 물리학자들에게 약속했습니다.

"군이 여러분의 창의적이고 독창적인 자유와 사고를 억압

하는 일이 없도록 최선을 다하겠습니다.”

그러나 그로브스와 다소 의견 충돌이 있었습니다.

“이 일의 성격상 보안을 크게 신경 쓰지 않을 수 없습니다.”

그로브스가 말했습니다.

“그 말씀은?”

“물리학자들을 관직에 임명하는 것이 좋을 듯싶습니다.”

그로브스가 말을 이었습니다.

“시간이 절박한 상황입니다. 일 처리를 빠르게 하려면 일사 불란한 군인 정신이 필요하거든요.”

“시간의 절박성은 저도 똑같이 느끼는 바입니다. 하지만 이 일은 무에서 유를 창조해 내는 것이나 마찬가지입니다. 그 누구도 감히 생각해 보지 못한 무기를 만들어 내는 일이니까요. 과학자들의 창의적인 사고를 억누르는 환경에서는 결단코 만족할 만한 성과를 얻어 내기 어려울 겁니다.”

“그렇다면 어떻게 하면 좋겠습니까?”

“타협하는 겁니다.”

“어떻게요?”

“원자 폭탄을 만들 때까지는 과학자들의 민간인 신분과 창의적 사고의 자유를 그대로 보장해 주는 겁니다. 하지만 그 뒤에도 이곳에 계속 머물러 있겠다고 하는 사람은 군인 신분이 되어야 한다는 조항을 두면 될 것입니다."

"좋습니다."

이렇게 해서 연구소에서 일어나는 모든 일을 내가 지휘하게 되었습니다. 나는 연구소의 진행 상황을 그로브스에게 보고하기만 하면 되었던 거지요.

만화로 본문 읽기

미국이 원자 폭탄 개발 계획에 시동을 걸기 시작할 즈음, 그 시동에 가속도를 붙여 주는 사건이 터졌지요.

어떤 사건인가요?

진주만 주둔 해군들이 일본의 예상치 못한 공습을 당하여 미국은 큰 피해를 입게 되었지요.

아~, 그게 바로 진주만 사건이군요.

그렇지요. 이 사건을 계기로 미국은 원자 폭탄 개발 계획을 빠르게 밀어붙이기 시작했어요. 마침내 1942년 5월, 원자 폭탄을 만드는 방법을 찾았지요.

어떤 것인가요?

1942년 연쇄 반응 실험 성공

1943년 플루토늄 생산 공장 완공

1944년 플루토늄 확보

시간이 없는 미국은 그때까지 알려진 원자 폭탄을 제조할 수 있는 방법 5가지 모두를 동시에 추진하기로 했어요.

원자 폭탄 제조할 방법

원심 분리법
전자기 방법
가스 확산법
흑연 사용법
중수 사용법

진주만 사건 이후에 미국이 정말 다급했군요.

제2차 세계 대전이 중반에 돌입할 무렵, 미국의 우라늄 무기 개발 계획인 맨해튼 프로젝트에 내가 연구소장으로 뽑혔어요.

우아, 맨해튼 프로젝트의 연구소장이라니 대단하세요.

맨해튼 프로젝트 연구소장 취임

나는 물리학 지식으로 조국을 구할 수 있는 기회라며 과학자들의 애국심을 자극했고, 많은 과학자들이 로스앨러모스로 왔지요.

맨해튼 프로젝트가 그렇게 진행되었군요.

5

중수 공장 폭파 작전

중수는 무엇이며, 왜 중수 공장을 폭파하려 했던 것일까요?
중수에 대해 알아봅시다.

5

다섯 번째 수업
중수 공장 폭파 작전

오펜하이머는
독일의 원자 폭탄 개발에 대한
영국의 견제에 대한 이야기로
다섯 번째 수업을 시작했다.

1차 특공대

　미국이 원자 폭탄 개발 계획에 매진하고 있는 동안, 영국은
독일의 원자 폭탄 진행 상황을 예의 주시하고 있었습니다.
일본의 진주만 공습 이후 영국은 경계를 더욱 강화하고 있었
습니다. 영국이 가장 두려워한 것은 두말할 필요 없이 독일
이 원자 폭탄을 갖게 되는 상황이었습니다.

　영국은 그런 상황이 현실이 되지 않도록 독일의 원자 폭탄 계
획 자체를 아예 무산시켜 버릴 생각이었습니다. 영국 정부는

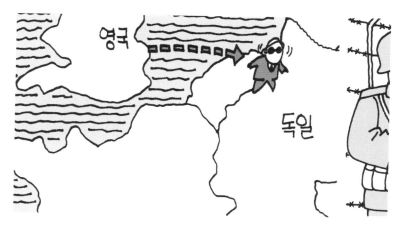

이 문제를 놓고 고민에 빠졌습니다.

"어떤 방법이 최우선이라고 생각하십니까?"

"보고에 따르면 독일의 우라늄 계획은 중수에 절대적으로 의존하고 있는 것으로 알려지고 있습니다."

"그렇다면 중수 공급을 차단하면 되겠군요."

"중수 공급원이 어디입니까?"

"노르웨이 공장입니다."

"그곳을 파괴하도록 하죠."

영국 정부는 곧바로 베모르크 중수 공장을 폭파하는 작전에 들어갔습니다. 베모르크의 중수 공장은 난공불락과도 같은 하나의 요새나 마찬가지였습니다. 공장은 폭포가 있는 약 500m 높이의 화강암 절벽 봉우리들 사이에 세워져 있었습니다. 공장 주변은 가시철망으로 철저히 둘러싸여 있었고, 단 하나 나 있는 현수교를 통해서만 그곳으로의 진입이 가능했습니다. 당연히 현수교는 독일군이 물샐틈없이 지키고 있었지요.

이러한 지형의 특성상 영국인만으로 베모르크를 침입하는 건 불가능하다는 판단을 내렸습니다. 그래서 노르웨이 인을 포함한 특공대 34명을 선발했습니다.

1942년 10월 18일, 노르웨이 인 4명이 낙하산으로 공장 주변에 미리 잠입했습니다. 그리고 11월 19일, 2대의 글라이더가 최신식 고속 폭격기에 실려 이륙했습니다. 글라이더에는 30명이 타고 있었습니다. 공수 부대원들의 의욕은 하늘을 찌를 듯했습니다. 하지만 2대의 글라이더는 너무도 어이없는 결말을 맞이하고 말았습니다. 1대는 지나가던 산등성이에 부

딪쳤고, 다른 1대는 연결한 줄이 끊어지면서 상공에서 추락하고 말았습니다.

　그러나 충돌과 추락이라는 비극적인 상황이 발발했는데도, 생존자는 의외로 많았습니다. 탑승 인원의 절반에 가까운 14명이 기적처럼 살아남은 것이었지요. 그들은 부상의 통증을 가라앉히려고 모르핀 주사를 맞았습니다. 그러고는 눈을 헤치고 나아가 인근 농가를 발견하고는 도움을 요청했습니다. 하지만 뒤따라온 독일군에 곧 붙잡히고 말았습니다. 따라서 그들 대부분은 그 자리에서 총격으로 사망했고, 몇몇은 고문을 받다가 숨졌습니다.

2차 특공대

30명의 특공대원을 적진에 보냈으나, 목표물에는 접근도 해 보지 못한 채 전멸했다는 보고를 받은 영국 공군의 책임자는 심한 자괴감에 빠졌습니다. 옥스퍼드 대학에서 물리학과 천문학을 공부한 그는 훗날 이렇게 말했지요.

"나는 두 번째 공습을 감행해야 할지 결정해야 했습니다. 또다시 불행한 사고가 발생하지 않는다는 보장을 할 수가 없었지요. 그러나 더욱 고통스러운 것은, 나는 런던의 안전지대에 멀쩡히 살아 있으면서 특공대원들을 죽음의 전선으로 내보내야 한다는 것이었습니다. 또 다른 특공대를 선발해서 내보낼 자격이 있는지 나에게 묻고 또 물었습니다.

그러나 전쟁 중에는 늘 돌발 상황이 발생할 수 있다는 걸 인정해야 했습니다. 병사의 죽음은 몹시 안타까운 일이지만, 전쟁 중에 사망자가 나오는 건 어쩔 수 없는 일이지요. 전쟁을 하루라도 빨리 끝내기 위해 특공대를 파견한다는 결정이 옳다면, 되풀이하는 것도 타당하다고 보았습니다."

두 번째로 요원을 선발할 때는 전원 노르웨이 출신 자원자로 뽑았습니다. 1943년 2월 16일 혹독한 특수 훈련을 받은 6명의 노르웨이 인이 베모르크 지역으로 날아갔습니다. 그들은 낙하산을 이용해 꽁꽁 언 호수 위에 안전하게 내렸습니다.

그들은 1차 선발대로 잠입에 성공한 노르웨이 인과 접선해서 베모르크 공장 주변의 최신 정보를 알려 주었습니다.

"베모르크 공장 주변에는 지뢰가 군데군데 묻혀 있고, 15명의 독일군 병사들이 건물을 지키고 있으며, 탐조등과 기관총이 설치돼 있습니다."

2월 27일 크로스컨트리용 스키를 타고 목적지를 향해 출발했습니다. 그들은 청산가리를 소지하고 있었습니다. 만약 독일군에게 붙잡히면, 그걸 먹고 자살해 버릴 용도로 몸에 지녔던 것이지요.

작전 대성공

특공대원들이 베모르크에 도착했습니다. 그들은 공장이 바라다 보이는 건너편 산에 일단 자리를 잡았습니다.

"우리는 산을 내려오면서 중수 공장을 처음으로 마주했습니다. 공장은 7층 높이의 대형 건물로 중세의 성처럼 우뚝 서 있었습니다. 바람이 적잖이 불었는데도 공장의 기계 돌아가는 소리가 들렸습니다. 독일의 주문량을 대느라 공장은 24시간 쉼 없이 돌아가고 있었지요. 베모르크에 오기 전, 15명의 독일군 병사가 공장을 지키고 있다는 말을 듣고는 의아하게 생각했었습니다. 그토록 중요한 공장인데 경비를 서는 군인의 수가 너무 적다고 생각했던 것이지요. 그런데 공장을 직접 보니, 그 이유를 단번에 깨달을 수 있었습니다. 수많은 강과 절벽이 공장 둘레를 병풍처럼 둘러싸고 있어서 접근이 결코 용이하지 않았던 것이죠."

공장으로 들어가는 길은 현수교가 유일했습니다. 현수교 주위로는 밑이 보이지 않는 바위 협곡이 낭떠러지처럼 에워싸고 있었습니다. 현수교를 지키는 군인 숫자로 보아서는 총격전을 벌여도 능히 승산이 있을 듯싶었습니다.

그러나 문제는 그다음이었습니다. 총격전 이후에 벌어질

무자비한 살육을 각오해야 했습니다. 총에 맞아 죽은 동료들의 시체를 본 독일군이 가만 있을 리가 없기 때문입니다. 그들은 베모르크 인근 마을을 쑥대밭으로 만들 것이고, 남녀노소를 불문하고 주민들을 살해할 것이었습니다.

이런 점을 감안하면 총격전은 동원하기 어려운 방법이었습니다. 특공대원들 또한 노르웨이 인이었습니다. 그들의 행위로 죄 없는 동포가 무참히 살해되는 건, 그들로서도 견디기 힘든 일이었지요.

그렇다고 고지를 눈앞에 두고 그냥 되돌아갈 수도 없는 일이었습니다. 현수교가 안 되면 다른 방법을 찾아야 했습니다. 하지만 주변은 온통 절벽뿐이니 나오는 건 한숨뿐이었습니다. 그들은 항공 사진을 펼쳐 놓고 공장 주변을 꼼꼼히 살

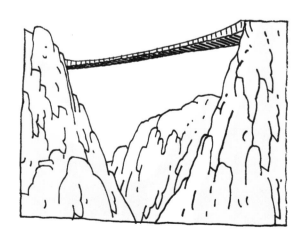

폈습니다.

"이것 봐!"

한 대원이 사진 속의 나무 덤불을 가리켰습니다.

"이곳에 나무가 있다는 뜻이잖아."

그랬습니다. 나무가 자라고 있는 절벽이라면, 힘은 들겠지만 오르는 것이 전혀 불가능하지는 않다는 말이 되기도 할 테니까요. 분위기가 일순 바뀌었습니다. 특공대원들의 얼굴에 화색이 돌았습니다.

깎아지른 듯이 놓여 있는 절벽을 오르면 목표물이 있었습니다. 그들은 절벽 중간에 이르러 발걸음을 멈추었습니다. 지뢰가 묻혀 있는지를 살피면서, 보초병의 교대 시간까지 초콜릿으로 허기를 달래며 조용히 기다릴 계획이었습니다. 자

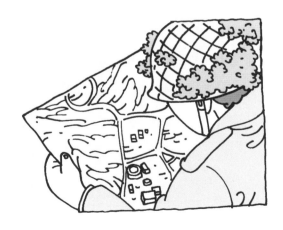

정까지는 30여 분 정도가 남아 있었습니다.

보초 교대가 이루어진 지 1시간쯤 지난 뒤, 특공대원들은 폭파조와 엄호조로 나누고 작전을 재개했습니다. 특공대원들이 가시철조망을 절단기로 자르고 들어갈 공간을 만들었습니다. 폭파조는 전진했고, 엄호조는 지정된 위치에 머물렀습니다. 예상대로 공장으로 들어가는 출입문은 잠겨 있었습니다. 그러나 그들에겐 이러한 사태에 대비한 만반의 준비가 되어 있었습니다. 특공대원들은 영국에서 중수 공장에 대한 사전 교육을 철저히 받았지요.

"공장에는 잘 이용하지 않는 케이블 통로가 있습니다. 그곳을 이용하면 공장 건물 내부로 바로 들어갈 수 있습니다."

두 대원이 등에 폭약을 짊어지고, 통로를 기어서 공장 안으로 들어갔습니다. 중수 저장통 밑에 폭발물을 설치하는 데 10여 분이 걸렸습니다. 폭발물 설치가 끝나자 공장 직원을 밖으로 내보내고, 그들도 그 뒤를 따라서 나왔습니다. 곧이어 공장 창문으로 섬광이 비치는가 싶더니 이내 폭발음이 들렸습니다.

"꽈과광!"

중수 저장통 밑으로 뻥 뚫린 구멍에서 중수가 콸콸 쏟아졌습니다. 절반 가까운 중수가 못쓰게 되었습니다.

특공대원들은 경계 사이렌이 울리기 전에 절벽을 내려와 이미 꽁꽁 언 강을 건너고 있었습니다. 양측에 사상자는 1명도 없었고, 폭파 작전은 대성공이었습니다. 베모르크 공장이 재가동해서 이전의 상태로 정상 복귀하려면 적어도 1년은 걸릴 것입니다. 이 작전으로 맨해튼 프로젝트는 그만큼의 시간을 번 셈이었습니다.

2차 파괴 작전

영국은 노르웨이의 중수 공장을 파괴한 이후에도 독일의 동태를 주의 깊게 살폈습니다. 독일은 밤낮을 가리지 않고 공장 보수에 전력했습니다. 그 결과 예상보다 빨리 공장이 재가동되었습니다. 영국 정보부는 독일이 베모르크 공장을 재가동해서 중수를 다시 생산하기 시작했다는 정보를 입수하자, 빠른 시일 내에 중수 공장을 재공격해야 한다는 만장일치 결론을 내렸습니다.

그러나 상황은 지난번과 같지 않았습니다. 한번 당한 터라, 독일은 베모르크 공장 주변의 경계를 철저히 감시했습니다. 그래서 지난번과 같은 특공대식의 작전은 성공할 가능성이 희박했습니다. 하지만 육상 침입이 불가능하다면, 대신 폭격기를 이용한 공습이 있었습니다.

영국은 미국에 베모르크 공장의 정밀 폭격을 요청했고, 미국은 수락했습니다. 미국의 육군 참모총장이 명령을 내렸고, 미군 폭격기들이 출발했습니다. 폭격 예정 시간은 오전 11시 30분에서 12시 사이였습니다. 칠흑 같은 한밤중이 아닌 대낮에 공습을 하겠다는 결정은 의외였습니다. 베모르크 공장에서 일하는 노르웨이 민간인의 피해를 최소화해야 한다는 차원에서 내려진 부득이한 결정이었습니다. 24시간 쉼 없이 돌아가는 공장의 특성상 점심시간 무렵이 그나마 가장 피해를 줄일 수 있는 시간대였던 것입니다.

140여 대의 미국 폭격기가 베모르크 상공에서 250kg 남짓

한 폭탄 700여 개를 무차별적으로 쏟아 부었습니다. 결과는 보지 않아도 뻔했습니다. 베모르크 공장은 그 즉시 가동이 중단되었습니다.

독일은 부랴부랴 대책 회의를 열었습니다.

"중수가 꼭 있어야 합니까?"

"중수 없는 우라늄 핵반응은 생각할 수가 없습니다."

"그렇다면 베모르크 공장을 다시 복구해야 하지 않겠습니까?"

"재가동 즉시 영국과 미군이 또다시 폭격을 해 올 텐데요?"

"그럼 어떻게 하면 좋겠습니까? 좋은 방안이라도 있으면 제안해 주시죠."

"이참에 독일에다가 중수 공장을 짓는 게 어떨까 합니다."

"그래요. 우리 조국 땅에 중수 공장을 건설하는 걸로 결정합시다."

하지만 시간이 촉박한 마당에 공장을 새로 짓는다는 것은 받아들이기 어려웠습니다. 그래서 독일은 베모르크 공장을 뜯어다가 공장을 세우는 방안을 선택했습니다. 물론, 베모르크에 남아 있는 중수도 함께 가져가기로 했습니다.

배를 폭파하라 1

이 같은 사실을 노르웨이 레지스탕스가 영국 정부에 알려 주었습니다.

2주 안에 독일로 중수를 수송할 예정임.

2주라면 시간이 너무 촉박했습니다. 특공대원을 새롭게 뽑기에는 사실상 어려운 시간이었지요. 따라서 노르웨이에 머물러 있는 특공대원을 이용하는 수밖에 없었습니다. 특공대원이 베모르크 공장장을 비밀리에 만났습니다.

"중수가 39개의 통에 담겨져 독일로 운반될 예정입니다."

"중수가 독일로 옮겨져선 절대 안 됩니다."

"저 혼자서 그걸 막을 수는 없습니다."

"음…….."

"경비가 삼엄하기 이를 데 없습니다. 열차 선로 주변에는 독일군이 상주하고 있을 뿐만 아니라, 나치 친위대가 직접 보낸 부대원까지 합세해 살벌할 정도로 경계를 서고 있습니다. 그뿐이 아닙니다. 항공기가 감시할 수 있도록 보조 비행장까지 만들어 놓은 상황입니다."

"눈앞이 캄캄하군요."

"공장에 접근하는 것이 불가능하니, 수송 도중에 폭파하는 게 좋을 것 같습니다."

"중수의 수송 경로가 어떻게 됩니까?"

"베모르크 공장에서 틴쇼 호수까지는 열차로 운반할 예정이고, 그다음부터는 배에 실어서 호수를 건너게 돼 있습니다."

"기차 폭파는 가능할까요?"

"어렵다고 봐야 할 겁니다. 경비도 삼엄한데다가 승객들의 안전도 고려하지 않을 수 없으니까요."

"그렇다면……?"

"기차보다는 배가 낫다고 봐야 할 겁니다."

"배도 승객이 있기는 마찬가지잖습니까?"

"그래도 기차보다는 인원이 적으니까요."

틴쇼 호수를 왕복하는 배는 공장 직원과 가족들이 오고 갈 때 이용하는 중요한 교통 수단이었습니다.

호수 한복판에서 배를 침몰시키면, 그들 일부는 차가운 호수 속으로 수장될 것이었습니다. 배를 폭파하려는 것도 다 조국을 구하고 동포를 살리려는 목적 때문인데, 동포를 죽여야 한다니…….

"희생은 불가피하다고 봐야 합니다."

특공대원이 잠시 생각에 잠기더니 이내 입을 열었습니다.

"희생을 최소로 할 수 있는 방법이 무엇이겠습니까?"

"승객이 적게 탑승하는 날 폭파하면 됩니다."

"그날이 언제입니까?"

"일요일 아침입니다."

"중수를 그날 옮기도록 할 수 있겠습니까?"

"최선을 다해 보겠습니다."

이렇게 해서 중수 이동에 관한 사항들이 확정되었습니다.

배를 폭파하라 2

특공대원이 영국 정보부에 연락했습니다.

노르웨이에서 런던으로.
이번 작전이 국민의 희생을 감수하고도 감행할 만한 가치가 있는지 알려 주기 바람. 나로서는 확신을 가지지 못하겠음. 가능하면 빨리 회신을 보내 주길 바람.

영국 정보부는 그날로 답신을 보냈습니다.

런던에서 노르웨이로.
요구 사항은 충분한 논의를 했음. 중수는 매우 중요한 물질이므로 반드시 폭파시켜야 한다는 결론을 내렸음. 피해가 너무 크지 않도록 임무를 충실히 완수해 주기 바람. 성공을 기원함.

특공대원은 중수 이동 경로와 일요일에 출항할 배의 상태, 폭탄을 설치할 장소 등을 철저히 점검했습니다. 그리고 배가 호수를 건너는 시간 등을 확인했습니다. 배가 호수의 가장 깊은 지점에 이르렀을 때 폭파시키기로 결정했습니다.

출항한 지 30분쯤 지날 때 배가 그 지점을 지나게 되므로 그때 자동 폭파 장치가 작동되게끔 시계를 맞추어 놓기로 한 것입니다.

작전은 출항 전날 저녁 늦게 시작되었습니다. 중수를 실어 나를 화물 열차가 8시에 출발한다는 사실을 확인했습니다. 그러고는 자동차를 타고 틴쇼 호수로 향했습니다. 배는 아침 10시에 출항할 예정이었습니다.

날씨는 살을 에는 듯 매서웠습니다. 매표소 근처에 이르렀을 때, 독일군의 웅성거리는 소리가 들렸습니다. 특공대원이 배로 올랐고, 그를 도와줄 두 사람이 엄호하며 따랐습니다. 그들은 갑판 밑으로 이어지는 통로를 찾기 시작했습니다. 그때 발자국 소리가 들렸습니다. 야간 정찰대원이 그들을 발견했습니다. 그러나 천만다행이었습니다. 그중 1명과 안면이 있는 노르웨이 인 경비원이었습니다.

"독일군에게 쫓기다가 여기까지 오게 되었습니다. 무엇보다 짐을 숨길 장소가 필요합니다."

"이곳이 짐을 숨기기에는 적당할 겁니다."

경비원이 갑판 통로 뚜껑을 가리켰습니다.

특공대원과 동료 한 사람이 갑판 아래로 내려갔습니다. 그리고는 배 밑바닥에 시한폭탄을 설치했습니다. 작업이 완료

된 시간은 새벽 4시였습니다.

배는 53명의 승객을 태우고 예정된 시각에 출발했습니다. 시한폭탄은 맞춰 놓은 시각에 정확하게 터졌습니다. 배 앞머리 바닥에 지름 1m 이상의 구멍이 뻥 뚫리면서 배는 침몰했습니다. 승객과 선원들은 아우성치며 허겁지겁 구명정에 올라탔고, 중수를 담은 통은 호수 속으로 가라앉았습니다. 절반에 가까운 승객이 물귀신이 되었습니다.

1944년 2월의 이 사건으로 원자 폭탄을 꿈꾸던 독일의 바람은 돌이키기 어려운 치명타를 입게 되었습니다.

미국이 원자 폭탄 개발 계획에 매진하고 있는 동안 영국은 독일의 원자 폭탄 진행 상황을 예의 주시하고 있었지요.

왜 그런 거죠?

영국이 가장 두려워하는 것이 독일이 원자 폭탄을 갖게 되는 상황이었기 때문이에요.

그렇다면 독일의 원자 폭탄 공장을 폭파해 버리면 되잖아요.

영국

독일

그래서 영국은 독일의 우라늄 계획에서 절대적으로 의존하고 있는 노르웨이에 있는 중수 공장을 폭파하기로 결정했지요.

그런데 중수는 뭔가요?

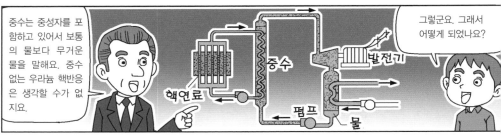

중수는 중성자를 포함하고 있어서 보통의 물보다 무거운 물을 말해요. 중수 없는 우라늄 핵반응은 생각할 수가 없지요.

핵연료   중수   발전기   펌프   물

그렇군요. 그래서 어떻게 되었나요?

영국 특공대원들의 1, 2차 폭파 작전으로 노르웨이에 있는 베모르크 중수 공장은 가동이 중단되었지요.

독일의 피해가 컸겠는데요.

네. 뒤이어 독일에 중수 공장을 건설하려고 배로 운반하던 베모르크 공장의 설비들도 영국에 의해 폭파 당했지요.

이 사건으로 원자 폭탄을 꿈꾸던 독일은 치명타를 입었겠네요.

원자 폭탄
투하 지역 선정

원자 폭탄이 투하된 최초의 지역은 어디일까요?
투하 장소에 대해 알아봅시다.

6

여섯 번째 수업

원자 폭탄
투하 지역 선정

오펜하이머는 원자 폭탄
만드는 방법 2가지를 알려 주며
여섯 번째 수업을 시작했다.

오크리지와 핸퍼드 공장

원자 폭탄을 만드는 방법에는 2가지가 있습니다. 하나는
우라늄-235를 이용하는 것이고, 다른 하나는 플루토늄을 사
용하는 것입니다. 이 두 재료를 얻으려면 거대한 공장과 원
자로가 있어야 합니다.

1942년 9월, 그로브스가 이 일에 착수했습니다. 그로브스
는 미국 동부 테네시 주의 땅을 대량으로 매입했습니다. 계
곡의 능선 이름을 따서 오크리지라고 명명한 그 일대는 로스

앨러모스처럼 사람들의 발길이 뜸해서 비밀 계획을 수립하기에는 더없이 좋은 곳이었습니다. 그로브스는 이곳에 우라늄-235를 분리하는 공장을 지었습니다.

오크리지에서는 우라늄-235를 2가지 방법으로 분리해 내고 있었습니다. 하나는 전자기 방법으로, 공장의 규모는 축구장 20여 개를 합쳐 놓은 것보다 넓었습니다. 260여 개가 넘는 건물이 이 자리에 들어섰고, 1943년 8월에는 2만여 명의 인력이 이곳에서 일을 했습니다. 또 하나는 가스 확산 방법으로, U자형의 4층 건물에서 작업이 이루어졌습니다. 이곳의 총 면적은 전자기 분리 공장보다 더 넓었습니다.

그로브스는 오크리지에 플루토늄 생산 공장을 짓지 않았습니다. 같은 장소에 지었다가 폭발 사고라도 일어나면, 모든

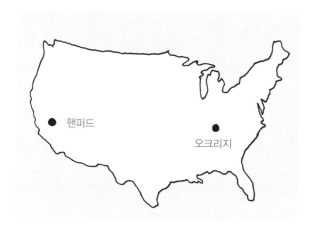

게 허사가 되어 버리기 때문입니다. 그로브스는 이걸 염려한 것이었습니다. 폭발 사고가 나더라도 양쪽에서 동시에 일어나지 않는 한, 하나는 건질 수 있다는 생각을 한 것이지요.

그로브스는 플루토늄 생산 기지로 서부 워싱턴 주의 핸퍼드를 선택했습니다. 플루토늄을 생산하려면 거대한 원자로가 필수적이지요. 일찍이 경험해 보지 못한 대형 원자로를 건설하고, 도로를 포장하고, 전력 공급원을 세우고, 원자로에 물을 공급해 줄 정수장을 만들고, 수만 명의 건설 인력이 사용할 건물도 지었습니다. 3개의 초대형 원자로가 강을 따라 10여 km 간격으로 지어졌습니다. 방사능 사고와 누출에 대비해 대기와 주변 수역 상황을 각별히 주시했습니다.

보어는 원자 폭탄을 제조하려면 상상하기 어려운 크기의 공장이 필요하다며 원자 폭탄을 부정적으로 보았습니다. 그러나 미국은 해냈습니다. 막대한 자금을 물 쓰듯이 쏟아 붓고, 엄청난 인력을 동원해서 그 일을 해낸 것이지요. 오크리지와 핸퍼드에 들어선 공장과 실험실은 당시 미국의 자동차 공장을 모두 합쳐 놓은 것보다 큰 규모였습니다.

새 대통령의 승인

1945년 4월 12일, 루스벨트 대통령이 뇌출혈로 혼수상태에 빠졌고 이내 저세상으로 떠났습니다. 루스벨트의 뒤를 이은 대통령은 트루먼(Harry Truman, 1884~1972)이었습니다. 그는 루스벨트 재임 당시 부통령이었지요.

전쟁의 대세는 연합국 쪽으로 거의 기운 상태였으나, 완전히 끝난 상황은 아니었습니다. 맨해튼 프로젝트는 전쟁을 종결짓기 위해서 미국 정부와 군이 극비리에 추진해 온 사항이었습니다. 그러니 이에 대한 진척 사항이 새 대통령에게 즉각 보고되어야 하는 것은 당연했습니다.

"현재 우리는 거대한 계획을 추진하고 있습니다. 그 어떤 무기도 따라올 수 없는 엄청난 파괴력을 지닌 폭탄을 만들고 있습니다. 한 도시를 일거에 황폐화시킬 수 있는 무시무시한 폭탄입니다."

보고를 받은 새 대통령은 어안이 벙벙한 표정이었습니다. 처음 듣는 소리였기 때문입니다. 보고는 계속되었습니다.

"우리는 4개월 이내에 폭탄을 만들어 낼 겁니다. 인류 역사상 가장 무서운 폭탄을 말입니다. 이것 하나면 도시 하나를 일순간에 날려 버릴 수 있습니다. 폭탄 제조에는 영국도 참

여하고 있지만, 실질적인 업무는 우리가 통제하고 있습니다. 미국만이 이 가공할 만한 무기를 영원히 독점할 수는 없겠지만, 당분간은 전 세계 어느 국가도 이와 비슷한 폭탄을 내놓지 못할 것입니다."

트루먼은 보고를 듣고 난 뒤, 맨해튼 프로젝트의 절실성에 전적으로 동감한다는 뜻을 표시했습니다.

투하 지역 선정

대통령의 승인이 떨어진 후 일본의 어느 지역에 원자 폭탄을 투하할 것인지에 대한 토의가 있었습니다.

미 국방성 회의실에서 그로브스가 입을 열었습니다.

"우리가 지금 논하려는 사안은 중요하기 이를 데 없으니, 비밀과 보안에 각별히 주의해 주셨으면 합니다."

그로브스가 말을 이었습니다.

"원자 폭탄을 투하할 장소는 일본의 기를 완전히 꺾어 놓을 만한 지역이어야 합니다. 그러자면 군사적인 곳이어야 할 겁니다. 예를 들어 군사 장비나 보급품 보관 장소가 있는 곳이라든가, 군사 본부가 있는 곳이라든가, 군인들이 밀집해 있는 곳들이겠죠."

요코하마, 오사카, 나고야, 후쿠오카, 히로시마 등이 포함된 17개 지역이 폭탄 투하 후보 지역으로 가려졌습니다. 이 중에서 3곳을 최종적으로 가려야 했습니다.

나와 콤프턴, 페르미, 그리고 로런스가 폭탄 투하 지역 선정에 도움을 줄 수 있는 과학적 사실을 내놓았습니다.

"원자 폭탄을 어느 높이에서 폭발시켜야 하는지는 중대한 문제입니다. 너무 높은 고도에서 폭발하면 에너지가 대기를 몰아내는 데 힘을 과하게 써 버리게 됩니다. 반면, 낮은 고도에서 폭발하면 에너지가 땅을 파헤치는 데 쓸데없이 쓰이게 됩니다. 그래서 폭발의 고도 결정이 중요하게 됩니다. 이것은 모의 실험 결과를 검토하면서 최종적으로 판단하게 될 것입니다."

우리는 방사능이 인체에 끼치는 영향과 대처 방안에 대해서도 이야기를 주고받았습니다.

"원자 폭탄 폭발 시 방출되는 중성자는 반경 1km 이내에 있는 모든 생명체의 목숨을 앗아 갈 것입니다. 살아남으려면 적어도 4km 이상은 벗어나 있어야 합니다. 그러자면 폭탄을 투하하고 나서 머뭇거려서는 안 됩니다. B-29는 원자 폭탄을 투하하자마자, 방사능 구름을 빠르게 빠져나와야 합니다."

시간은 계속 흘렀습니다. 미국의 대형 폭격기들은 일본 국토를 연일 불바다로 만들어 버리고 있었습니다. 하지만 일본의 대응은 대응이랄 수도 없는 미미한 수준이었습니다. 방공

망이 거의 무너진 것이나 진배없었기 때문입니다. 일본 국토는 나날이 초토화되어 가고 있었습니다. 미군의 불바다 폭격을 받지 않은 주요 도시는 교토, 히로시마, 니가타 정도였습니다. 투하 지역 선정 위원회도 빠른 결론을 내려가고 있었습니다.

폭탄은 도시의 중앙에 투하한다. 그래야 폭발 효과가 클 것이다. 폭탄 투하는 그날의 일기 상황을 보면서 결정한다.

교토는 제외, 그리고 가능한 빨리

그로브스가 그의 상관 앞에 서 있습니다.

"그래, 어느 도시를 마음에 두고 있는가?"

상관은 원자 폭탄 투하 지역을 묻고 있는 것이었습니다.

"교토를 생각하고 있습니다. 교토가 원자 폭탄의 폭발 효과를 최대로 살릴 수 있는 지역이라고 봅니다."

"그래서 선정했다는 뜻이군?"

"그렇습니다."

"교토는 반대네."

상관의 어조는 분명하고 강경했습니다. 그가 이유를 설명했습니다.

"교토는 일본 문화의 중심지라네. 옛 수도이기도 하고."

이렇게 해서 수백 개의 사찰과 신사가 있는 옛 일본 문화의 중심지는 원자 폭탄 피해로부터 구제될 수가 있었습니다.

교토를 제외하기로 결정한 다음 날 오전 10시, 국방성.

그로브스와 그의 상관 그리고 육군 참모총장, 콤프턴, 로런스, 그리고 나, 오펜하이머가 회의를 하고 있었습니다.

"여러분의 노고가 있었기에 오늘의 이 자리가 있게 되었습니다."

그로브스의 상관이 말했습니다.

그러고는 물리학자들의 말이 이어졌습니다.

"우리의 핵 개발 능력은 타의 추종을 불허합니다. 현 상황에서 우리의 군사적 경쟁국이라면 소련을 들 수 있을 텐데, 그 나라조차 원자 폭탄을 손에 넣으려면 최소한 6년은 걸릴 것입니다."

콤프턴이 말했습니다.

"원자 폭탄의 효과는 실로 대단할 겁니다. 우리가 만들고 있는 원자 폭탄은 TNT 2만 톤과 동등한 폭발력을 낼 겁니다. 거대한 불덩어리는 5km 높이까지 솟구쳐 올라 도심 상공에서 폭발할 경우 희생자는 1만 명에 이를 것입니다."

오펜하이머가 말했습니다.

"우리는 이 분야에서 가장 앞서 나가고 있습니다. 이러한 지위를 앞으로도 흔들림 없이 유지해야 합니다."

로런스가 말했습니다.

"당장의 문제는 전쟁을 한시바삐 종결시키는 것입니다. 핵

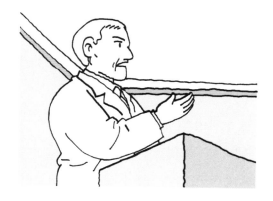

에너지에 대한 정보 교환을 서두르고 평화적인 이용에 좀 더 많은 힘을 쏟아야 할 것입니다."

내가 말했습니다.

"민간인에 대한 무차별적인 살육은 이제 중단되어야 합니다. 이 깊은 상처를 치유하기 위해 우리는 노력해야 합니다. 원자 폭탄의 사용 목적은 민간인을 죽이는 데 있지 않습니다."

그로브스의 상관이 말을 이었습니다.

"일본에 사전 경고는 하지 않겠습니다. 민간인이 많지 않고, 폭발 효과를 극대화할 수 있는 지역에 원자 폭탄을 투하해야 합니다."

며칠 후, 그로브스의 상관은 회의 내용을 대통령에게 종합적으로 보고했습니다.

"우리는 일본 내의 군수 시설만 정밀 폭격하기를 바라고 있습니다. 민간인의 살상을 더는 원치 않기 때문이지요. 그러나 문제는 일본의 군수 시설이 한곳에 집중되어 있지 않다는 점입니다. 폭격 뒤에 다시 가 보면, 허물어진 가옥과 건물에서 남녀노소 할 것 없이 전 국민이 폭탄과 탄약을 만들고 있습니다. 그래서 어느 정도는 지역 폭격을 거부하기 어려운 상황이 되어 버렸습니다.

나는 다음의 2가지 문제를 심히 우려하고 있습니다. 하나

는 미국이 히틀러의 나치 정권보다 더 잔혹한 짓을 저질렀다
는 평가가 내려지지나 않을까 하는 것이고, 다른 하나는 우
리 공군이 일본 전역을 쑥대밭으로 만들어 버려서 이 가공할
만한 무기의 위력을 보여 줄 수 있는 기회를 앗아가 버리지
않을까 하는 것입니다."

"전적으로 동감합니다."

이렇게 해서 가능한 한 빨리 일본에 원자 폭탄을 투하하되,
사전 경고 없이 실행한다는 최종 결정이 내려졌습니다.

선생님, 원자 폭탄은 어떻게 만드나요?

우라늄-235를 이용하는 방법과 플루토늄을 사용하는 방법이 있지요. 이 두 재료를 얻으려면 거대한 공장과 원자로가 있어야 해요.

쉽지 않은 일이군요.

그러나 미국은 막대한 자금과 인력을 동원해서 오크리지와 핸퍼드에 거대한 규모의 공장과 실험실을 건설했지요.

그런데 왜 서로 멀리 떨어진 동부와 서부에 나눠서 공장을 지었나요?

그것은 폭발 사고가 나더라도 양쪽에서 동시에 일어나지 않는 한, 하나는 피해가 없기 때문이에요.

핸퍼드

오크리지

그렇군요.

미국은 1945년 4월 12일에 루스벨트의 뒤를 이어 트루먼 대통령이 부임했어요. 아직 전쟁이 완전히 끝난 상황은 아니었지요.

트루먼 대통령 취임

새 대통령은 원자 폭탄의 사용을 허가했고 미 국방성 회의실은 인류 역사상 가장 무서운 폭탄을 투하할 장소를 논의했지요.

바로 일본이군요.

← 일본

네. 여러 가지 우려 끝에 가능한 한 빨리, 사전 경고 없이 일본에 원자 폭탄을 투하하기로 결정하였지요.

정말 무시무시한 계획이네요.

7

원자 폭탄
투하와 항복

원자 폭탄이 투하된 지역은 어떻게 되었을까요?
원자 폭탄의 위력은 어느 정도였는지 알아봅시다.

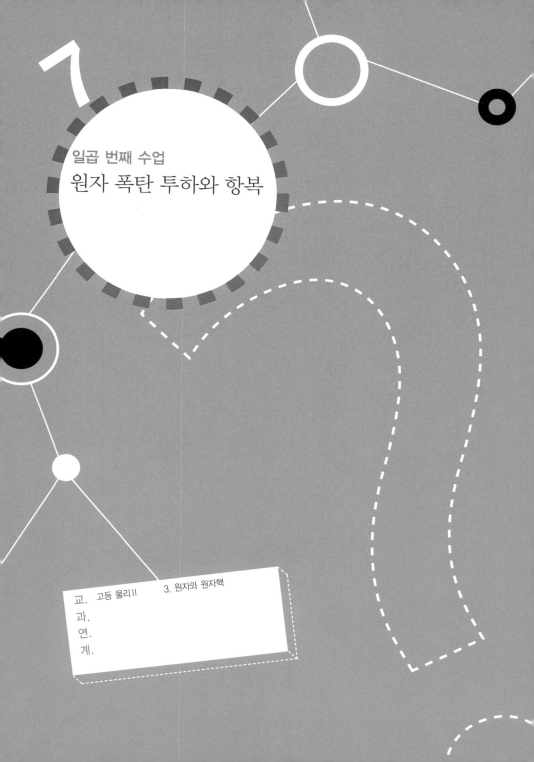

일곱 번째 수업

원자 폭탄 투하와 항복

교.   고등 물리II   3. 원자와 원자핵
과.
연.
계.

오펜하이머는 일본에 원자 폭탄을
투하했던 순간을 떠올리며
일곱 번째 수업을 시작했다.

원자 폭탄 투하 최종 결정

1945년 5월 1일 히틀러의 자살 소식이 들려왔고, 독일과
이탈리아는 이미 백기를 든 상태였습니다.

7월 2일, 미국 대통령이 참석한 자리에서 일본의 상황에
대한 보고가 있었습니다.

"일본은 홀로 전쟁을 치르고 있습니다. 일본의 도시와 산업
시설은 우리의 집중 공격에 그대로 노출되어 있습니다. 우리
는 일본의 잠재력을 소진시킬 수 있는 힘을 갖고 있습니다.

하지만 그렇다고 해서 일본을 무조건 얕잡아 볼 수도 없습니다. 일본인의 충성심은 실로 대단합니다. 그들의 저항으로 보아 미군이 일본 본토에 상륙한다면, 우리가 흘릴 피도 상당하리라고 봅니다. 희생도 덜고 전쟁도 빨리 끝낸다는 차원에서 일본 정부에 항복을 권하는 메시지를 보내야 한다고 생각합니다."

그러나 일본은 항복을 거부했습니다. 그러자 미국 수뇌부는 일본 본토를 쑥대밭으로 만들자는 쪽으로 의견을 모았습니다. 미 육군 참모총장은 이렇게 말했습니다.

"우리 미군은 오키나와에서 큰 피해를 보았습니다. 80여 일에 걸친 치열한 전투 끝에 1만 명 이상의 사상자가 나왔습니다. 다른 곳의 전투에서도 우리 미군은 막대한 사상자를 내었습니다. 일본인은 절대로 항복하지 않고 죽을 때까지 싸웠습니다. 그러니 일본 본토에서의 전투는 보지 않아도 뻔합니다. 사상자가 속출하고 건물이 무너져도 일본인의 사기는 떨어지지 않을 것입니다. 다른 방법이 없습니다. 이전에는 경험하지 못했던 충격을 주어 사기를 꺾어 버리는 수밖에 없습니다."

이제 남은 것은 원자 폭탄을 언제 어느 지역에 투하하느냐는 것뿐이었습니다.

이때 다음과 같은 보고서가 올라왔습니다.

8월 1일 이후에는 원자 폭탄의 투하가 언제든지 가능함.
예상치 못한 일이 돌발적으로 발생한다고 해도, 8월 10일을 결코
넘기지는 않을 것임.
투하 지역은 히로시마, 고쿠라, 니가타로 결정함.

원자 폭탄의 두 번째 피해 도시인 나가사키는 이때까지도
아직 투하 지역에 속하지 않은 상태였습니다. 나가사키는 미
국의 무차별적인 폭격을 받지 않은 몇 안 되는 주요 도시 가
운데 하나였습니다.

그로브스가 원자 폭탄 사용에 관한 초안을 육군 참모총장
에게 올렸습니다.

"가능한 한 빨리 승인해 주시길 바랍니다."

초안이 승인되었고, 이내 명령문이 공군 사령관에게 전달
되었습니다.

1. 1945년 8월 3일 이후, 육안 폭격이 가능한 날을 골라 히로시마,
   고쿠라, 나가사키 가운데 한 곳을 선택해서 최초의 원자 폭탄을
   투하하기 바람.
2. 원자 폭탄의 추가 투하는 위에 언급한 지역 가운데서 선택하여
   원자 폭탄이 준비되는 대로 다시 실시함.

포츠담 선언 발표

7월 26일 저녁에 포츠담 선언이 발표되었습니다.

더 이상의 대안은 없다. 우리는 지연을 원치 않는다. 세계 정복에
나서도록 일본 국민을 선동한 자들은 반드시 제거되어야 한다. 새
로운 질서가 일본에 자리 잡히기 전까지 일본의 영토는 점령될 것

이다. 일본의 주권은 우리가 정하는 지역으로 한정한다. 일본 군인은 무장 해제 뒤에 각자의 집으로 무사히 돌아갈 것이고, 평화롭고 생산적인 업무에 종사하게 될 것이다. 우리는 일본인을 노예로 삼는다거나 국가 자체를 멸망시킬 의도가 없다. 하지만 전범들은 법의 심판을 단호하게 받을 것이다. 언론, 사상, 종교의 자유가 보장되고, 인권이 확립될 것이다. 일본의 경제를 유지하기 위한 산업 활동도 허용될 것이다.

이런 일이 완료되는 대로, 연합군은 일본에서 철수할 것이다. 일본 국민의 의사가 존중되는 책임 있는 정부가 수립될 것이다. 이제 우리는 일본의 무조건적인 항복을 촉구하는 바이다. 이러한 제안을 받아들이지 않을 경우, 일본과 일본 국민에게 남는 것은 즉각적이고도 철저한 파괴의 흔적뿐이다.

일본 수뇌부는 이 제안을 받아들이지 않았습니다. 일본 외상은 이렇게 말했습니다.

"연합국이 우리 국토를 점령하고, 우리의 해외 점령지를 빼앗아 가는 걸 그냥 두고 볼 수만은 없다."

그리고 군의 수뇌부는 이렇게 말했습니다.

"이 제안은 생각하고 말고가 없다. 즉각 거부되어야 한다. 그렇지 않으면 군인의 사기가 떨어진다."

이튿날 일본 정부는 공식적인 입장을 표명했습니다.

"포츠담 선언은 일고의 가치도 없는 것이라고 본다. 선언을 묵살하는 것 외에는 다른 길이 없다. 우리는 전쟁을 성공적으로 끝내기 위해 결연히 싸울 것이다."

미 육군 참모총장이 말한 대로, 일본은 항복 대신에 죽을 때까지 싸우는 쪽을 선택한 것이었습니다. 따라서 원자 폭탄을 사용하겠다는 미국의 명분은 더욱 힘을 얻게 되었습니다.

인디애나폴리스 호의 격침

인디애나폴리스 호는 꼬맹이(리틀 보이)를 티니안에 내려놓고, 오키나와로 가서 합류할 계획이었습니다. 꼬맹이는 히로시마에 떨어뜨릴 원자 폭탄의 암호명으로 우라늄-235를 원료로 해서 만든 원자 폭탄입니다.

일본군은 거의 일망타진된 상태였습니다. 그래서 호송선은 인디애나폴리스 호를 따르지 않았습니다. 그런데 필리핀 해역에 일본 잠수함이 숨어 있었던 겁니다. 일본 잠수함은 잠망경으로 인디애나폴리스 호의 동정을 살피고는 조심스럽게 따라갔습니다. 인디애나폴리스 호는 눈치채지 못했습니다.

잠수함이 어뢰 6발을 발사했습니다. 인디애나폴리스 호의 전방과 후방에서 불기둥이 솟고 붉은 섬광이 번쩍였습니다.

"명중, 명중!"

일본군은 기쁨의 환호성을 내질렀습니다.

인디애나폴리스 호의 부서지는 굉음이 태평양을 흔들었습

니다. 발전실이 파괴되고, 전력 공급이 끊어져 조난 신호도 보낼 수 없게 되었습니다. 함선 내의 통신조차 원활하지 못한 상황이 되어 버린 겁니다.

선체에 난 구멍으로 바닷물이 밀려들어 왔습니다. 갑판에 서 있던 병사들은 그대로 태평양으로 떨어졌습니다. 배는 불과 연기로 휩싸여 갔습니다. 병사들은 구명조끼를 걸친 채 인디애나폴리스 호를 버리고 황급히 바다로 뛰어들었습니다. 배의 뒤쪽으로 뛰어내린 병사 중에는 스크루에 휘감겨서 죽기도 했습니다. 인디애나폴리스 호는 이내 태평양 속으로 가라앉았고, 생존자들은 높은 파도에 몸을 맡긴 채 구원의 손길만을 기다리는 처지가 되었습니다.

태양이 다시 모습을 드러내자 파도도 잠잠해지고 바람도 많이 가라앉았습니다. 그러나 태양광이 문제였습니다. 기름층에 반사된 눈부신 햇빛이 병사들의 눈을 뜨지 못하게 만들었습니다. 그 와중에 식인 상어 떼가 덮쳤습니다. 일순 공포가 병사들을 짓눌렀습니다. 식인 상어에 물려서 사라지는 병사들이 곳곳에서 나타났습니다. 병사들이 상어의 먹잇감으로 그렇게 맥없이 사라져 가는데도 구조선은 좀처럼 보이질 않았습니다.

이틀이 지났습니다. 생존해 있는 병사도 거친 숨만 몰아쉬

고 있을 뿐, 살아 있는 게 아니었습니다. 강렬히 반사된 햇빛에 눈이 먼 병사들이 속출했고, 일부는 구명조끼가 햇빛에 녹아서 살갗에 달라붙기도 했습니다. 이제는 고열과 환각 증세가 병사들을 괴롭히기 시작했습니다.

섬을 발견했다며 헤엄쳐 가는 병사가 나타나는가 하면, 배가 나타났다며 쫓아가는 병사도 생겼습니다. 거기에다 자취를 감췄던 상어 떼가 다시 출몰했습니다. 이번에도 많은 병사가 무력하게 상어의 밥이 되어 버리고 말았습니다. 병사끼리 싸움을 벌이는 경우도 종종 발생했지요.

8월 2일, 해군 비행기가 그들을 발견하여 신속한 구조 활동이 이어졌습니다. 물과 음식, 구조 장비가 바다로 투하되었고, 그들을 태워서 싣고 갈 배가 왔습니다. 병사들은 물통을 집어서 천천히 목을 축였습니다.

"그때 먹은 물은 평생 잊지 못할 맛이었습니다. 그런 맛있는 물맛은 다시는 맛볼 수 없을 겁니다."

한 병사의 이야기이지만, 생존자 모두의 공통된 생각이기도 했습니다. 80여 시간의 사투 끝에 최후까지 살아남은 생존자는 318명이었습니다.

최종 이륙 준비

6월 10일, 원자 폭탄을 투하할 정예 요원들이 B-29를 타고 티니안에 도착했습니다. 티니안은 사이판에서 4km가량 떨어진 태평양의 천국 같은 섬이지요.

요즘은 더없는 휴양지가 된 곳이지만, 제2차 세계 대전 동안에는 최초의 원자 폭탄을 실어 나른 지역이었답니다.

"우리가 일본에 투하하려는 폭탄의 모의실험이 성공적으로 끝났다. 투하 당일 기상 관측용 B-29 한 대가 일찍이 투하 지역으로 날아가서 일기를 알려 올 것이다. 그리고 다른 B-29 두 대가 우리가 탈 폭격기를 따라와 엄호해 줄 것이다."

계속해서 원자 폭탄의 위력에 대한 설명이 이어졌고, 대원들에게 자긍심을 불어넣어 주는 말이 이어졌습니다.

"우리의 이번 임무는 전쟁 기간을 6개월은 단축시킬 수 있을 것이다. 우리는 미 공군에서 가장 영예로운 병사들이다."

8월 5일 오후, B-29에 반지름 37cm, 길이 3.2m, 무게 4,400여 kg인 세계 최초의 원자 폭탄이 실렸습니다. 연료도 가득 채웠고, 마지막 확인 점검도 마쳤습니다. 군에서 나온 사진사가 이 모든 진행 상황을 필름에 담았습니다. 역사적인 임무를 수행할 이 폭격기의 이름은 에놀라 게이로 정해졌습니다.

출발 시간은 8월 6일 새벽 2시 45분으로 결정되었습니다. 대원 모두 잠을 제대로 이루지 못했습니다. 이 중 한 명은 뒷날 이때의 경험을 이렇게 회고했습니다.

"어찌나 긴장되었던지 수면제를 2알이나 삼켰는데도 잠이

오질 않았습니다."

최종 소집이 자정에 있었습니다.

"이것은 우리가 한 번도 경험해 보지 못한 무시무시한 폭탄이다. 보안경 쓰는 걸 잊지 말도록!"

주의사항을 전해들은 대원들은 기도를 한 뒤, 햄과 계란으로 간단한 요기를 했습니다. 그러고는 트럭을 타고 에놀라 게이가 대기 중인 활주로로 향했습니다. 탑승하기 전, 그들은 B-29 앞에서 단체 사진을 찍고는 폭격기에 오른 뒤, 각자 맡은 위치로 가서 앉았습니다.

에놀라 게이가 내뱉는 굉음이 티니안의 고요한 새벽 공기를 세차게 갈랐습니다.

히로시마 투하

1945년 8월 6일 새벽 2시 27분. 다시는 일어나선 안 될 끔찍한 역사의 한 장이 막 시작되고 있었습니다.

"시동을 걸어라!"

명령이 떨어졌습니다. 4톤짜리 폭탄을 실은 총 중량 65톤의 에놀라 게이가 마침내 이륙할 준비에 들어간 것입니다.

"이륙하라!"

관제탑에서 이륙 허가가 내려졌습니다.

5시 22분, 에놀라 게이는 합류하기로 약속한 B-29와 상공

에서 만나, 목표 지점을 향해 비행했습니다.

7시경 에놀라 게이의 승무원은 샌드위치와 커피로 간단하게 요기를 한 후 폭탄실로 가서 원자 폭탄의 안전 장치를 해제했습니다. 세계 최초의 원자 폭탄이 무시무시한 생명을 갖게 된 순간이었습니다.

히로시마, 고쿠라, 나가사키 상공에 도착한 기상 관측 항공기가 8시 15분경부터 기상 상태를 보고해 왔습니다. 모든 지역이 쾌청하지 않았습니다. 세 곳 모두 구름이 끼어 있었고, 그 가운데 히로시마가 그나마 가장 나았습니다.

"투하 지역은 히로시마다!"

목표 지점이 정해지자, 에놀라 게이가 고도를 높이고 난방 장치를 가동시켰습니다. 비행 고도 9,500m 상공, 그곳에서 수평 비행하는 B-29에 탑승한 승무원들 사이에 묘한 긴장감이 감돌았습니다.

이내 일본 상공에 들어섰습니다.

"히로시마 동쪽 시코쿠 상공이다. 방탄복을 착용하라!"

B-29의 승무원들이 두툼한 방탄복을 서둘러 입었습니다. 그러나 에놀라 게이를 추격하는 일본 전투기는 보이지 않았습니다. 뿐만 아니라 그들을 향해 날아오는 대공 포탄도 없었습니다. 일본의 대공 방어망은 그렇게 철저히 파괴된 상태였던 겁니다. 일본의 대공 방어 능력이 확인되자, 호위 항공기가 뒤로 빠졌습니다. 에놀라 게이가 폭탄을 투하하고 빠져나올 충분한 여유 공간을 확보해 주기 위함이었습니다.

"보안경을 착용하라!"

히로시마 항구가 눈에 들어왔습니다. 정박해 있는 선박이 보였습니다. 히로시마 중심부의 아이오이 다리가 나타났습니다.

"T자형의 저 다리를 투하 중심점으로 삼는다."

폭탄 투하 2분 전, 에놀라 게이가 호위 항공기에 무선 연락을 했습니다.

"2분 내에 폭탄을 투하할 것이다."

호위 항공기가 그곳을 빠르게 벗어났습니다.

에놀라 게이의 폭탄실 문이 열렸습니다.

"폭탄 투하!"

꼬맹이(리틀 보이)가 히로시마 중심지로 자유 낙하했습니다.

"우리는 방금 역사상 최초로 원자 폭탄을 투하했습니다."

에놀라 게이는 연습한 그대로 급강하, 급회전하며 그곳을 빠르게 빠져나갔습니다.

꼬맹이를 투하한 지 43초 후, 아이오이 다리에서 약 160m 떨어진 시마 병원 상공 약 570m에서 폭탄이 폭발했습니다. 섬광이 B-29 내로 환하게 들어오는가 싶더니 거대한 충격파

가 덮쳐 왔습니다. B-29가 심하게 흔들렸습니다. 곧이어 충격파가 다시 한 번 에놀라 게이를 덮쳤습니다.

히로시마는 보랏빛과 회색빛 연기로 뒤범벅이 되었습니다. 밑에서부터 부풀어 오르는 버섯구름은 믿어지지 않을 만큼 솟아오르며 빨간 불기둥을 사방으로 퍼뜨려 나갔습니다. 붉은 용암이 전 도시를 삼켜 버리는 것 같았습니다.

대단할 것이라고는 짐작했지만, 위력이 이 정도일지는 에놀라 게이의 탑승자 그 누구도 예상하지 못한 일이었습니다. 히로시마 도시의 흔적은 일순 온데간데없이 사라졌습니다. 한동안 모두가 말을 잊었습니다.

나가사키와 항복

히로시마에 원자 폭탄이 성공적으로 투하되었다는 소식이 미국 대통령에게 보고되었습니다.

"역사상 가장 위대한 일이 성공했군요!"

히로시마에 원자 폭탄이 투하된 지 6시간 후, 그로브스가 나에게 전화를 걸었습니다.

"당신과 당신을 도와준 연구원 모두가 자랑스럽습니다."

"성공했습니까?"

내가 물었습니다.

"거대한 폭발음을 내며 터졌습니다."

"진심으로 축하합니다."

"내가 지금까지 해온 일 가운데 가장 현명한 것은 당신을 로스앨러모스의 연구소장으로 임명했다는 사실입니다."

한편 일본에서는 이 결과를 두고 의견이 갈라졌습니다. 군부 지도자들은 여전히 무조건 항복은 절대 있을 수 없다는 강경한 입장이었고, 외상을 포함한 민간 지도부는 더는 국민의 희생이 있어선 안 된다는 입장이었습니다. 그러나 양측의 싸움은 군부의 승리로 끝이 났습니다.

미국은 다음 원폭 투하 준비에 들어갔습니다. 두 번째 원자 폭탄은 뚱보(팻맨)라는 암호명이 붙여졌습니다. 뚱보는 꼬맹이와는 달리 플루토늄을 사용해서 만든 원자 폭탄이었습니다.

뚱보는 원래 8월 11일에 투하할 예정이었습니다. 하지만 8월 9일 이후로는 일기가 좋지 않을 것이라는 기상 예측 정보가 있어서 이틀이 앞당겨진 것입니다.

1945년 8월 8일 22시, B-29의 폭탄실에 뚱보가 실렸습니다. 투하 지역은 히로시마를 뺀 고쿠라와 나가사키 중 한 곳이었습니다.

　8월 9일, 예측과는 달리 일기가 좋지 않았습니다. 일본에 비바람이 불 것이라는 예보가 나왔습니다. 고쿠라 상공은 연기와 안개로 자욱했습니다. 두 차례나 선회했으나, 일기가 나아질 기미는 보이지 않았습니다. 목표 지점을 찾기가 어려울 정도였습니다. 거기에다 엎친 데 덮친 격으로, 일본 전투기가 다가오고 대공 포탄이 날아왔습니다. 상황이 긴박했습니다. 귀환하거나 투하 장소를 바꾸어야 했습니다. 결론은 투하 장소를 바꾸는 것이었습니다. B-29는 나가사키로 방향을 돌렸습니다.

　나가사키도 기상 상태는 고쿠라와 별반 다르지 않았습니다. 짙은 구름이 시야를 가리고 있었습니다. 귀환이냐, 레이더를 이용한 폭탄 투하냐를 결정해야 했습니다. 이번에도 결정은 두 번째였습니다. 다행스럽게 잠깐 동안 구름 사이로 틈이 생겼습니다. 조종사가 육안 식별로 조종을 하기에 충분한 크기의 구멍이었습니다. 그 구멍으로 똥보를 떨어뜨렸고, 자유 낙하한 똥보는 약 500m 상공에서 폭발했습니다. 주변에 가파른 경사면이 있어서 폭발 효과가 히로시마보다는 크지 않았습니다.

히로시마에서 20만, 나가사키에서 14만의 사상자가 났는데도, 일본 군부는 여전히 손을 들지 않을 태세였습니다. 그러자 더는 안 되겠다며, 히로히토 천황이 직접 나섰습니다. 다음 날, 스위스를 통해 항복 의사를 워싱턴에 전달했습니다. 미국도 일본의 뜻을 긍정적으로 받아들이려는 분위기였습니다.

그러나 일본 군부의 강경 자세는 변함이 없었습니다.

"일본인 5,000만 명을 동원한 가미카제 공격을 감행해야 합니다."

일본 해군 참모총장의 눈물 어린 호소에 민간인 지도부가 군부 지도자들을 설득하려고 애를 썼습니다.

"다음은 도쿄에 원자 폭탄이 떨어질 것입니다. 이번이 마지막 기회입니다. 국민들은 자포자기 상태에 빠질 겁니다. 더 이상 계속된다면 전 국민 모두가 미치는 도리밖에 없을 것입

니다."

8월 14일 천황이 다시 나섰습니다. 그는 각료들을 황실 방공 대피소로 불렀습니다.

"나는 일본 국민이 더 이상의 고통을 당하는 걸 원치 않습니다. 이러다간 또 수십만의 일본인이 죽고 전 국토가 잿더미가 될 것입니다."

천황은 자신이 직접 방송할 원고를 준비하도록 했습니다. 그러나 항복을 거부하는 반란이 있었습니다. 일본의 고위 관리가 감금되고, 반란에 동조하지 않은 군 수뇌부 인사가 암살되었습니다. 천왕의 음성을 녹음한 음반을 강탈하려는 기도가 벌어졌습니다.

그러나 반란은 이내 천황을 따르는 충성심 앞에 무릎을 꿇었습니다. 반란의 핵심 주동자들은 모두 자살했습니다. 천황의 의사를 거역할 수 없다며 반란에는 동참하지 않았으나 패전에 대한 책임을 지고 일본의 육군 최고 책임자도 자결했습니다.

8월 15일 천황은 일본 국민에게 공표했습니다.

"일본 국민은 최선을 다했습니다. 그러나 전쟁의 결과는 우리에게 유리한 방향으로 이어지지 않았습니다. 적이 새롭게 만들어 낸 무기는 우리 국민에게 잔혹하기 이를 데 없는 손실을 입혔습니다. 죄 없는 불쌍한 시민이 너무나도 많이 죽었습니다. 연합군의 항복 요구를 수용한 이후에 우리 국민이 받을 어려움과 고통은 분명 적지 않을 것입니다. 그러나 대세와 운명에 따라 참기 어려운 고통을 감내하며, 우리의 후세를 위해 평화의 길을 열기로 결심했습니다."

일본은 울었고, 미국은 환호했습니다.

8

원자 폭탄의 과학

핵분열 에너지가 다른 용도로 사용되는 경우는 없을까요?
우라늄의 분리 과정에 대해 알아봅시다.

원자 폭탄의 과학

오펜하이머가
우라늄 충돌 실험 결과를 알려 주며
마지막 수업을 시작했다.

중성자와 연쇄 반응

원자 폭탄의 역사는 우라늄의 충돌 실험과 그 시작을 같이
합니다. 우라늄 충돌 실험의 결과는 다음과 같습니다.

느리게 움직이는 중성자로 우라늄을 때린다.

우라늄이 2개의 가벼운 원소로 쪼개진다.

2, 3개의 중성자도 함께 튀어나온다.

이 중성자들이 쪼개지지 않은 우라늄과 다시 충돌한다.

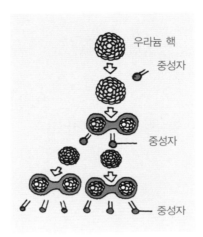

이러한 과정이 연이어서 일어난다.

이 과정을 핵 연쇄 반응이라고 합니다. 연쇄 반응은 핵에너지가 방출되는 기본 원리이지요.

방사성 동위 원소, 우라늄-238과 우라늄-235

원자 폭탄 제조를 위해서는 우라늄을 확보해야 합니다. 우라늄은 광석에서 얻을 수가 있지요. 그러니 원자 폭탄의 원료를 구하는 건 그리 어려운 일이 아닐 거라고 생각할 수도 있습니다.

하지만 그렇지가 않습니다. 우라늄이라고 해서 아무것이나 핵무기 제조에 사용할 수가 없기 때문이지요.

원자 폭탄의 재료가 되기 위해서는 핵분열이 일어나야 합니다. 그런데 핵분열은 우라늄이라고 해서 다 일어나는 것이 아니랍니다. 우라늄-235만이 가능하지요. 흔히 보는 우라늄은 양성자 92개와 중성자 146개를 지니고 있는 우라늄-238이지요. 238은 양성자와 중성자를 합한 수입니다.

양성자와 중성자를 합한 수를 질량수라고 합니다. 그러니까 우라늄-238은 질량수가 238인 우라늄이지요.

질량수 : 양성자와 중성자를 합한 수

양성자의 수는 원자핵 둘레를 도는 전자의 수와 같답니다. 이것을 원자 번호라고 하지요.

원자는 전자와 핵으로 이루어져 있답니다. 핵은 원자의 중심에 자리하고, 전자는 핵의 둘레를 빙빙 돌고 있지요. 그리고 핵 속에는 양성자와 중성자가 들어 있습니다.

원자 번호 : 양성자의 수 = 전자의 수

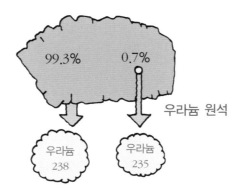

우라늄 원석

전체 우라늄 중 0.7%만이 양성자와 중성자를 합한 수가 235개인 우라늄이 차지하고 있습니다. 이것이 우라늄−235입니다. 우라늄의 99.3%를 차지하고 있는 우라늄−238은 원자 폭탄을 제조하는 데 하등의 쓸모가 없습니다. 그래서 우라늄 광석에서 우라늄−235를 분리해 내야 하는데, 이것이 어려운 일이랍니다.

우라늄−238과 우라늄−235는 양성자의 수는 같고, 중성자의 수에서 차이가 납니다. 이와 같이 양성자의 수는 같고 중성자의 수가 다른 원소를 동위 원소라고 하지요.

동위 원소 : 양성자의 수는 같고 중성자의 수가 다른 원소

우라늄은 방사선을 내는 원소이지요. 방사성 원소란 말입

니다. 라듐, 우라늄, 토륨 등이 대표적인 방사성 원소랍니다.

방사성 원소는 각각의 특성에 따라 알파 방사선, 베타 방사선, 감마 방사선을 내놓지요. 라듐과 우라늄은 알파 방사선, 토륨은 베타 방사선을 내놓습니다. 감마 방사선만을 따로 방출하는 방사성 원소는 없습니다. 감마 방사선은 알파 방사선과 베타 방사선이 나오면 뒤따라서 나오곤 합니다.

우라늄-238과 우라늄-235는 방사성 원소이면서 동위 원소이기도 하지요. 즉, 두 원소는 방사성 동위 원소가 되는 것입니다.

우라늄-238과 우라늄-235의 분리

우라늄-238과 우라늄-235는 중성자의 수에서 차이가 있습니다. 그래서 미소하지만 질량에 차이가 생깁니다. 중성자의 수가 적은 우라늄-235가 좀 더 가볍지요.

미국의 노벨 물리학상 수상자인 콤프턴은 이런 미소한 질량 차이를 이용해서 우라늄을 분리해 내는 방법을 개발해 내었는데, 그 원리는 다음과 같습니다.

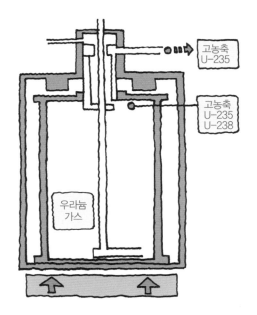

열을 가해 우라늄을 기체 상태로 만든다.

그 기체 안에는 우라늄-238과 우라늄-235가 섞여 있다.

이들을 미세한 구멍이 세밀하게 나 있는 판 속으로 통과시킨다.

가벼운 것이 무거운 것보다 멀리 나아가듯이, 우라늄-235가 무거운 우라늄-238보다 판을 더 많이 지나게 된다.

이러한 과정을 연이어서 계속하면, 구멍을 통해 걸러진 우라늄 가스 속에는 우라늄-235의 비율이 높아지게 된다.

이와 같은 과정을 우라늄 농축이라고 합니다.

우라늄-235를 분리해 내는 원리는 의외로 간단하지요. 하지만 그 과정은 정말 지루하답니다. 거기에다 실험 장치는 상당한 규모이지요.

실제로 미국이 이러한 장치를 이용해서 우라늄을 기체 상태로 만들고, 수많은 판을 거치게 한 뒤 기체를 냉각시켜서 원료를 얻는 데 무려 1만여 명에 이르는 인원을 동원했을 정도였으니까요.

어디 이뿐인가요? 수만 톤(t)의 물과 수십만 킬로와트(kW)의 전기가 매일 필요했지요. 당시로서는 엄청난 규모였답니다. 그래서 미국이라도 이 작업을 쉽게 해내지는 못할 것이라 보고, 일본이 진주만을 친 것이었습니다.

원자 폭탄의 재료가 되기 위해서는 우라늄-235의 농축도가 적어도 90%는 되어야 합니다. 미세 구멍으로 가스를 집어넣어서 0.7%였던 비율을 90% 이상으로 높여야 한다고 상상해 보세요. 결코 여유로울 수 없는 작업이지요. 그렇다 보니 거대한 설비를 온종일 돌려도 하루에 얻을 수 있는 우라늄-235의 양은 수백 g 정도에 불과했답니다.

플루토늄과 영변의 핵 시설

우라늄-235를 얻기가 이렇게 힘들어서 물리학자들은 원자 폭탄의 새로운 원료를 찾아 나섰고 새롭게 발견한 것이 플루토늄이었습니다. 플루토늄-239는 우라늄-238을 원자로에서 가열하여 얻을 수가 있습니다. 미국은 플루토늄-239를 생산하는 설비도 설치했지요.

미국은 2개의 원자 폭탄을 일본의 히로시마와 나가사키에 투하했는데, 히로시마 것은 우라늄-235로, 나가사키 것은 플루토늄-239로 제조한 것이었습니다.

플루토늄-239를 이용해서 원자 폭탄을 제조하는 방법은 우라늄-238의 경우보다 값이 쌀 뿐만 아니라 한결 수월합니다. 그래서 부강하지 못한 국가가 원자 폭탄을 개발하려고 할 때, 플루토늄-239를 사용하는 쪽으로 방향을 돌리곤 한답니다.

예를 들어, 파키스탄이 인도를 견제하기 위해서 제조해 보유하고 있는 원자 폭탄이 플루토늄-239를 사용한 것이지요. 그리고 북한이 핵무기를 보유하고 있다면, 이 방법을 써서 원자 폭탄을 제조했을 가능성이 높습니다.

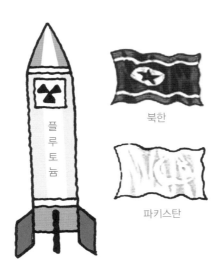

북한

파키스탄

미국의 한 저명한 핵물리학자는 이렇게 말했습니다.

"원자 폭탄의 제조와 설계에 관한 자료는 공개 문헌에 이미 다 수록돼 있다고 보아도 무방합니다. 단지, 원자 폭탄의 제조에 필요한 원자재를 구입할 수 있느냐 없느냐가 문제일 뿐이지요."

원자력 발전소에서 쓰고 나온 핵연료를 사용 후 핵연료라고 합니다. 우라늄-238에서 생성되는 플루토늄-239는 일정 시간이 지나면, 원자 폭탄의 재료와는 무관한 플루토늄-240으로 변하지요.

그래서 플루토늄-239가 플루토늄-240으로 변하기 전에 재빨리 추출해 낼 수 있는 특수 원자로가 필요하지요. 특수 원자로에서 생성된 플루토늄에는 우라늄이 혼합돼 있는데, 이 사용 후 핵연료에서 플루토늄만 뽑아내는 것을 재처리 작업이라고 합니다. 재처리 작업은 강력한 방사선원을 다루는 위험한 일이어서 원격 조정 장치와 같은 특수 장비를 이용하는데, 이것을 재처리 설비라고 합니다.

국제원자력기구는 핵 확산을 막기 위해, 플루토늄-239 제조용 특수 원자로와 재처리 설비의 건설을 철저히 막고 있습니다. 의심스러운 곳은 정찰 위성이 한순간도 놓치지 않고 감시를 하고, 국제원자력기구에서 수시로 핵 사찰을 하곤 하지요. 이러한 설비와 장치를 갖고 있느냐 없느냐는 핵무기를 제조할

의사가 있느냐 없느냐를 가리는 잣대가 되기 때문이지요.

영변을 포함한 북한 곳곳에 위치해 있는 핵 관련 시설에는 특수 원자로, 방사화학 실험실(사용 후 핵연료에서 플루토늄 - 239를 분리해 내는 장비) 등의 시설이 설치돼 있는 것으로 알려져 있습니다.

$$E = mc^2$$

이것은 늘 아인슈타인을 따라다니는, 세상에서 가장 유명한 공식이지요. 이것은 물리 공식이라기보다 과학 용어라고 해도 무방할 정도로 널리 알려져 있지요.

아인슈타인의 이 의미심장한 공식은 질량 - 에너지 등가

원리라고 합니다. 질량과 에너지는 동등하다는 뜻이지요.

질량과 에너지가 같다는 생각은 아인슈타인 이전에는 그 누구도 감히 생각해 내지 못한 발상이지요. 그래서 아인슈타인을 가장 위대한 물리학자로 꼽는 데 이의를 다는 사람이 없는 것입니다.

$E = mc^2$에서 E는 에너지, m은 물체의 질량, c는 빛의 속도를 뜻합니다. 그러니까 에너지는 질량과 제곱한 광속을 곱한 값과 같다는 것이지요. 광속이 초속 30만 km이니, 그 값을 제곱하면 어마어마한 수가 되지요. 그래서 아무리 작은 질량이라도 거기에서 나오는 에너지는 막대할 수밖에 없는 것입니다.

우라늄 – 235나 플루토늄 – 239를 이용해서 제작한 원자 폭탄이 그렇게 무지막지한 에너지를 발산하는 이유가 질량 – 에너지 등가 원리의 광속에 담겨 있는 셈입니다.

핵분열 에너지와 사용

다음의 표를 보면, 핵분열의 파괴력이 어느 정도나 되는지 쉽게 비교할 수가 있습니다.

우라늄-235	1kg이 핵분열하면서 내놓는 에너지 : 200억 kcal
석유	1kg이 연소하면서 내놓는 에너지 : 1만 kcal
석탄	1kg이 연소하면서 내놓는 에너지 : 6,000 kcal
폭약	1kg이 폭발하면서 내놓는 에너지 : 1,000 kcal

핵분열 에너지는 야누스처럼 두 얼굴을 하고 있습니다. 원자 폭탄이라는 무시무시한 살상 무기로 이용하고 있기도 하지만, 석탄과 석유의 대체 에너지로도 유용하게 사용하고 있습니다.

그러나 원자력 발전에도 문제가 없는 것은 아니지요. 원자력 발전은 무시무시한 방사능 오염 문제를 야기할 수가 있습니다. 체르노빌 원전 사고가 그 좋은 예이지요. 그래서 원자력 발전소를 폐기해야 한다는 주장이 나오기도 하는 것이랍

니다.

하지만 그렇더라도, 세계적으로 폭넓게 사용하고 있는 원자력 발전이 없으면, 인류가 극심한 에너지 부족에 시달리게 될 것은 불을 보듯 뻔한 일이지요. 그만큼 원자력 에너지의 중요성은 아무리 칭찬해 주어도 지나치지 않을 정도입니다. 우리나라도 고리, 월성, 울진, 영광 등지에 원자력 발전소를 건설해서 에너지를 생산하여 쓰고 있답니다.

과학자의 비밀노트

체르노빌 원전 사고

1986년 4월 26일 우크라이나의 체르노빌 원자력 발전소에서 방사능이 누출되었던 세계 최대의 참사이다. 이 사고는 수차례에 걸친 수증기·수소·화학 폭발을 수반하였다. 당시 화재 소화 작업에 나섰던 소방원 대부분이 심각한 방사선 상해를 입었으며, 원자로 주변 30km 이내에 사는 주민들은 모두 강제 이주되었다. 그 뒤에도 6년간 발전소 해체 작업에 동원된 노동자 및 민간인이 사망하였고, 43만 명이 암, 기형아 출산 등 각종 후유증을 앓고 있다고 한다. 또한 기상 변화에 따라 방사능은 유럽 전역으로 확산하였고, 한국에도 일부 지역에서 낙진이 검출되었다.

원자 폭탄의 제조를 위해서는 무엇이 있어야 하나요?

우라늄이지요. 우라늄은 광석에서 얻을 수 있어요.

그러면 원자 폭탄의 원료를 구하는 건 어려운 일이 아니겠군요.

원자 폭탄의 재료가 되기 위해서는 핵분열이 일어나야 하는데, 핵분열은 모든 우라늄에서 일어나는 것이 아니지요.

열중성자

우라늄

파편 (핵분열 생성물)

열에너지

고속 중성자

우리가 흔히 보는 것은 우라늄-238이고, 핵분열은 우라늄-235만이 가능하답니다. 이 둘은 중성자의 수가 다르지요.

그렇군요. 그런데 우라늄-235와 우라늄-238은 어떻게 다른가요?

중성자의 수

우라늄-235 < 우라늄-238

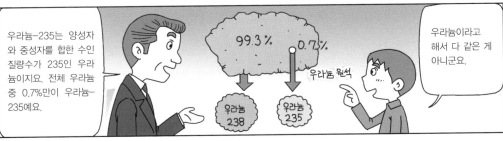

우라늄-235는 양성자와 중성자를 합한 수인 질량수가 235인 우라늄이지요. 전체 우라늄 중 0.7%만이 우라늄-235예요.

99.3 %   0.7%

우라늄 원석

우라늄 238

우라늄 235

우라늄이라고 해서 다 같은 게 아니군요.

네. 이처럼 양성자의 수는 같고, 중성자의 수에서 차이가 나는 원소를 동위 원소라고 하지요.

우라늄-238과 우라늄-235는 동위 원소란 거군요.

우라늄-235   우라늄-238

우리는 동위 원소

우라늄-238과 우라늄-235는 동위 원소이면서 방사성 원소이기도 해요. 즉, 두 원소는 방사성 동위 원소가 되는 것이지요.

이제 좀 알 것 같아요.

방사성 원소: 각각의 특성에 따라 알파 방나선, 베타 방나선, 감마 방나선을 내놓는 원소

수소 폭탄 개발에 반대한
오펜하이머 John Robert Oppenheimer, 1904~1967

오펜하이머는 미국의 이론 물리 학자입니다.

그는 뉴욕의 부유한 가정에서 태어나 17세 때 하버드 대학에 입학했으며, 대학을 졸업한 후에는 유럽으로 유학을 떠났습니다.

1920~1930년대 과학계의 중심은 미국이 아닌 독일을 중심으로 한 유럽이었습니다. 오펜하이머는 양자 역학의 대가 중 한 명인 독일의 이론 물리학자 막스 보른 밑에서 이론 물리학 특히 양자 역학의 화학에의 응용분야인 스펙트럼 양자론을 공부했습니다.

박사 학위를 받고 미국으로 돌아온 오펜하이머는 젊은 물리학자로서 왕성한 연구 활동을 선보였습니다. 중성자별의

탄생 가능성과 중력 붕괴 과정을 유도한 1938년과 1939년의 업적은 특히 유명하답니다.

제2차 세계 대전이 한창일 때에는 로스앨러모스의 연구소장으로서 미국의 원자 폭탄 개발 계획(맨해튼 프로젝트)에 주도적으로 참여하여 원자 폭탄을 탄생시켰습니다. 제2차 세계 대전이 끝나자 오펜하이머는 원자 폭탄의 아버지로 불리며 국가적 영웅이 되었습니다.

그러나 곧바로 시련이 닥쳤습니다. 미국 정부의 수소 폭탄 개발 계획에 오펜하이머가 반대한 겁니다. 그러자 정치인들은 수소 폭탄 제조에 반대하는 것은 소련의 첩자나 하는 일이라며 오펜하이머를 빨갱이로 몰아세웠습니다. 이것이 유명한 '오펜하이머 사건'입니다.

그때 받은 정신적 충격이 컸던 때문이었는지 오펜하이머는 훗날 후두암에 걸렸고, 1963년 미국 정부는 엔리코페르미 상을 수여하여 그의 명예를 회복시켜 주었습니다.

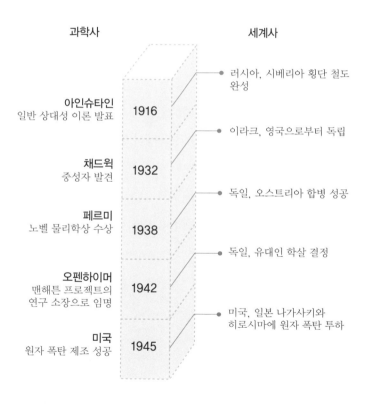

언제, 무슨 일이?

과학사   세계사

● 러시아, 시베리아 횡단 철도
  완성

아인슈타인
일반 상대성 이론 발표   1916

● 이라크, 영국으로부터 독립

채드윅
중성자 발견   1932

● 독일, 오스트리아 합병 성공

페르미
노벨 물리학상 수상   1938

● 독일, 유대인 학살 결정

오펜하이머
맨해튼 프로젝트의   1942
연구 소장으로 임명

● 미국, 일본 나가사키와
  히로시마에 원자 폭탄 투하

미국
원자 폭탄 제조 성공   1945

1. 원자 폭탄을 만드는 방법은 두 가지가 있습니다. 하나는 □□□ 을 이용하는 것이고 다른 하나는 □□□□ 을 사용하는 것입니다.

2. 핵 □□ □□ 은 핵에너지를 방출하는 기본 원리입니다.

3. 핵분열이 가능한 우라늄은 □□□-□□□ 뿐입니다.

4. 양성자 92개와 중성자 146개를 지니고 있는 우라늄은 □□□-□ □□ 입니다.

5. 원자는 □□ 와 원자핵으로 이루어져 있습니다.

6. 양성자의 수는 같고 중성자의 수가 다른 원소를 □□ □□ 라고 합니다.

7. 방사성 원소는 알파 방사선, 베타 방사선, □□ 방사선을 내놓습니다.

일본의 히로시마와 나가사키에 원자 폭탄이 투하되어 수많
은 사상자가 생긴 후에 과학자들 사이에서는 수소 폭탄 개발
문제를 놓고 팽팽한 설전이 벌어졌습니다. 그러나 1949년 8
월에 소련이 원자 폭탄 실험을 성공리에 마치자, 상황은 수
소 폭탄을 제조해야 한다는 쪽으로 기울어 버렸습니다.

소련이 군사적으로 미국을 앞서 나가선 안 된다고 생각한
미국은 맨해튼 프로젝트의 연구소장이었던 오펜하이머에게
계속 그 일을 맡기려고 했습니다. 그런데 오펜하이머가 거부
하자, 미국의 정치인들은 그를 공산주의자로 몰아붙였고, 물
리학자 에드워드 텔러에게 수소 폭탄 제조의 책임을 맡겼습
니다.

수소 폭탄의 원리는 중수소의 핵융합 반응입니다. 핵융합
반응을 일으키려면 상당한 에너지가 필요한데, 수소 폭탄 속

에 넣은 작은 원자 폭탄을 터뜨려서 얻는답니다. 수소 폭탄의 폭발력은 원자 폭탄 이상이랍니다. 미국은 1954년, 소련은 1955년에 수소 폭탄을 만들었고 영국과 프랑스와 중국도 수소 폭탄을 보유하고 있는 걸로 알려져 있습니다.

원자 폭탄이나 수소 폭탄은 방출되는 에너지가 상당해서 생명체는 말할 것 없고 마을이나 도시 전체를 초토화시켜 버립니다. 더구나 핵분열과 핵융합 때 발생하는 방사선은 금방 없어지지도 않습니다.

그러나 중성자탄은 원자 폭탄이나 수소 폭탄보다 폭발력이 약하고 잔류 방사선 양이 적습니다. 그러나 엄청난 위력을 가지고 있습니다.

중성자탄은 중성자를 다량으로 방사하게끔 제작한 폭탄입니다. 전자는 음의 전하, 양성자는 양의 전하를 갖지만, 중성자는 전기적으로 중성인 입자입니다. 그래서 대상을 거침 없이 뚫고 나갑니다. 건물이나 자동차는 피해를 보지 않지만, 중성자의 거침없는 투과로 세포가 망가지기 때문에 생명체는 피해를 입습니다.

중성자탄 개발은 아직도 시끄러운 국제 문제로 남아 있습니다.

찾아보기

어디에 어떤 내용이?